高等院校通识教育『十二五』规划教材

概率论与数理统计学习指导

学习指导

王琼 阮宏顺 主编

李军 王世飞 张芳 王言芹 副主编

Gailvlun yu Shuli Tongji
Xuexi Zhidao

人民邮电出版社

北京

图书在版编目（CIP）数据

概率论与数理统计学习指导 / 王琼，阮宏顺主编
. -- 北京：人民邮电出版社，2013.9（2016.8 重印）
高等院校通识教育"十二五"规划教材
ISBN 978-7-115-32962-2

Ⅰ. ①概… Ⅱ. ①王… ②阮… Ⅲ. ①概率论－高等
学校－教学参考资料②数理统计－高等学校－教学参考资
料 Ⅳ. ①021

中国版本图书馆CIP数据核字(2013)第199111号

内 容 提 要

《概率论与数理统计学习指导》是《概率论与数理统计》（苏州大学出版社）的配套学习指导书，按教材章节顺序编排，系统地介绍了概率论与数理统计的基本内容. 主要内容包括随机事件与概率，随机变量及其分布，随机向量，随机变量的数字特征，大数定律与中心极限定理，抽样和抽样分布，参数估计和假设检验. 通过对各章知识点的梳理，典型例题的分析解答，帮助学生澄清一些易混淆和易理解错误的概念，熟悉概率论与数理统计课程的解题方法与技巧，提高学生分析问题和解决问题的能力.

《概率论与数理统计学习指导》可作为高等院校理工科各专业本科生、研究生的辅导教材或复习参考书，也可作为准备报考硕士研究生考前强化复习训练的指导书.

◆ 主　编　王　琼　阮宏顺
　　副主编　李　军　王世飞　张　芳　王言芹
　　责任编辑　吴宏伟
　　执行编辑　张海生
　　责任印制　张佳莹　杨林杰
◆ 人民邮电出版社出版发行　　北京市丰台区成寿寺路 11 号
　　邮编　100164　　电子邮件　315@ptpress.com.cn
　　网址　http://www.ptpress.com.cn
　　大厂聚鑫印刷有限责任公司印刷
◆ 开本：787×1092　　1/16
　　印张：13　　　　　　　　　2013 年 9 月第 1 版
　　字数：309 千字　　　　　　2016 年 8 月河北第 3 次印刷

定价：28.00 元
读者服务热线：(010)81055256　印装质量热线：(010)81055316
反盗版热线：(010)81055315

前言

"概率论与数理统计"是研究随机现象统计规律性的数学学科,是高等院校理工科各专业的一门重要基础理论课.作为一门应用数学学科,概率论与数理统计不仅理论严谨、应用广泛,更具有其独特的概念和方法.将概率论的结果深入地分析和统计,观察某些现象并发现其内在的规律性,再加以研究,从而作出相应的判断和预测,然后将这些结果归纳整理得到一定的数学模型,这是数理统计所研究的问题.为使初学者尽快地熟悉这种独特的思维方法,更好地掌握概率论与数理统计的基本概念、基本理论、基本运算以及处理随机数据的基本思想和方法,培养学生运用概率统计方法分析、解决实际问题的能力和创造性思维能力,我们编写了此指导书.

本书的编写参照了原国家教委工科数学课程教学指导委员会审订的《概率论与数理统计课程教学基本要求》和近年来《全国硕士研究生入学统一考试——数学考试大纲》的基本要求,与《概率论与数理统计》(苏州大学出版社)相配套.本书针对学生在学习过程中经常遇到的诸如对题目的理解、解决问题的思路和方法,以及如何使用公式或理论等问题,精心挑选了一些既符合课程要求,又具有代表性的典型例题,进行分析和详细的解答,借以展示解决各类问题的一般途径和方法,帮助学生正确理解概率统计思想的实质.本书针对各章知识点分别给出了同步练习,以供学生检查学习效果之用.同时,为满足不同层次读者的需要,本书还挑选了历年硕士研究生入学考试的部分试题,借以对有志于考研或提高自己解题能力的同学提供帮助.如学生缺少独立作业习惯和有依赖心理,对学好这门课程是极为不利的,故本书未附习题答案,但切实需要同步练习和试题答案的,请联系 wangqiong@ccu.edu.cn.

本书由王琼、阮宏顺、李军、王世飞、张芳、王言芹编写,由阮宏顺、王琼统稿.在本书的编写过程中,编者也引用了其他书籍中的一些例子,谨向相关作者表示感谢.

本书的出版得到了常州大学数理学院领导以及数学专业老师们的关心和支持,并得到了江苏省高等教育改革研究基金的资助,编者谨致谢意.

由于编者水平有限,且编写时间也较为仓促,书中难免存在不妥甚至谬误之处,恳请专家、同行和读者批评指正.

编者
2013 年 8 月

目录

第一章　概率论的基本概念 ………………………………………………… 1

　　一、基本要求 ……………………………………………………… 1

　　二、内容提要 ……………………………………………………… 1

　　三、疑难分析 ……………………………………………………… 6

　　四、典型例题 ……………………………………………………… 7

第二章　随机变量及其分布 ……………………………………………… 15

　　一、基本要求 ……………………………………………………… 15

　　二、内容提要 ……………………………………………………… 15

　　三、典型例题 ……………………………………………………… 18

第三章　多维随机变量 …………………………………………………… 33

　　一、基本要求 ……………………………………………………… 33

　　二、内容提要 ……………………………………………………… 33

　　三、典型例题 ……………………………………………………… 36

第四章　随机变量的数字特征 …………………………………………… 45

　　一、基本要求 ……………………………………………………… 45

　　二、内容提要 ……………………………………………………… 45

　　三、典型例题 ……………………………………………………… 48

第五章　大数定律与中心极限定理 ……………………………………… 61

　　一、基本要求 ……………………………………………………… 61

　　二、内容提要 ……………………………………………………… 61

　　三、疑难分析 ……………………………………………………… 62

　　四、典型例题 ……………………………………………………… 63

第六章　数理统计的基本概念 …………………………………………… 69

　　一、基本要求 ……………………………………………………… 69

　　二、内容提要 ……………………………………………………… 69

　　三、典型例题 ……………………………………………………… 75

第七章　参数估计 ………………………………………………………… 82

　　一、基本要求 ……………………………………………………… 82

　　二、内容提要 ……………………………………………………… 82

　　三、典型例题 ……………………………………………………… 89

第八章　假设检验 ………………………………………………………… 99

　　一、基本要求 ……………………………………………………… 99

　　二、内容提要 ……………………………………………………… 99

三、典型例题 ……………………………………………………………… 103
同步练习 ……………………………………………………………… 反 1
　练习 1-1,1-2 ……………………………………………………… 反 1
　练习 1-3 ………………………………………………………… 反 5
　练习 1-4 ………………………………………………………… 反 7
　练习 1-5 ………………………………………………………… 反 11
　练习 1-6 ………………………………………………………… 反 12
　练习 1-7 ………………………………………………………… 反 15
　练习 2-1,2-2 ……………………………………………………… 反 17
　练习 2-3 ………………………………………………………… 反 19
　练习 2-4 ………………………………………………………… 反 21
　练习 2-5 ………………………………………………………… 反 25
　练习 3-1 ………………………………………………………… 反 27
　练习 3-2 ………………………………………………………… 反 29
　练习 3-3 ………………………………………………………… 反 31
　练习 3-4 ………………………………………………………… 反 33
　练习 4-1 ………………………………………………………… 反 35
　练习 4-2 ………………………………………………………… 反 37
　练习 4-3 ………………………………………………………… 反 39
　练习 5-1 ………………………………………………………… 反 43
　练习 5-2 ………………………………………………………… 反 47
　练习 6-1 ………………………………………………………… 反 49
　练习 6-2 ………………………………………………………… 反 49
　练习 6-3 ………………………………………………………… 反 50
　练习 7-1 ………………………………………………………… 反 53
　练习 7-2 ………………………………………………………… 反 57
　练习 7-3 ………………………………………………………… 反 59
　练习 8-1 ………………………………………………………… 反 63
　练习 8-2 ………………………………………………………… 反 67
　练习 8-3 ………………………………………………………… 反 69
概率论与数理统计试题一 ……………………………………………… 反 73
概率论与数理统计试题二 ……………………………………………… 反 77
附录　常用统计数表 …………………………………………………… 110
　附表 1　标准正态分布表 ………………………………………… 110
　附表 2　χ^2 分布表 …………………………………………… 112
　附表 3　t 分布表 ………………………………………………… 115
　附表 4　F 分布表 ……………………………………………… 117
参考文献 ……………………………………………………………… 122

第一章

概率论的基本概念

一、基本要求

（1）了解随机试验、基本事件空间（样本空间）的概念，理解随机事件的概念，掌握事件的关系和运算及其基本性质.

（2）理解事件概率、条件概率的概念和独立性的概念；掌握概率的基本性质和基本运算公式；掌握与条件概率有关的三个基本公式（乘法公式、全概率公式和贝叶斯公式）.

（3）掌握计算事件概率的基本计算方法.

①概率的直接计算：古典型概率和几何型概率；

②概率的推算：利用概率的基本性质、基本公式和事件的独立性，由较简单事件的概率推算较复杂事件的概率.

（4）理解两个或多个（随机）试验的独立性的概念，理解独立重复试验，特别是伯努利试验的基本特点，以及重复伯努利试验中有关事件概率的计算.

二、内容提要

（一）随机试验、样本空间与随机事件

1. 随机试验

具有以下三个特点的试验称为随机试验，记为 E.

（1）试验可在相同的条件下重复进行；

（2）每次试验的结果具有多种可能性，但试验之前可确知试验的所有可能结果；

（3）每次试验前不能确定哪一个结果会出现.

2. 样本空间

随机试验 E 的所有可能结果组成的集合称为 E 的样本空间，记为 Ω；试验的每一个可能结果，即 Ω 中的元素，称为样本点，记为 ω.

3. 随机事件

在一定条件下,可能出现也可能不出现的事件称为随机事件,简称事件;也可表述为事件就是样本空间的子集. 必然事件记为 Ω,不可能事件记为 $\varnothing$.

(二) 事件的关系

1. 包含

$A \subset B$,读作"事件 B 包含事件 A"或事件"A 包含于事件 B",表示每当事件 A 发生时,必导致事件 B 发生.

2. 相等

$A = B$,读作"事件 A 等于事件 B"或"事件 A 与事件 B 等价",表示事件 A 与事件 B 或都发生,或都不发生.

3. 相容

若 $AB \neq \varnothing$,则称"事件 A 和事件 B 相容";若 $AB = \varnothing$,则称"事件 A 与事件 B 不相容".

4. 对立事件

若满足 $A + B = \Omega$ 且 $AB = \varnothing$,即 $B = \bar{A}$,则称事件 A 和事件 B 互为对立事件.

(三) 事件的运算

1. 和事件(并)

$A \cup B$ 或 $A + B$ 表示"事件 A 与事件 B 至少有一个发生",称作 A 与 B 的和或并,一般地,$\bigcup\limits_i A_i$ 或 $\sum\limits_i A_i$ 表示事件"$A_1, A_2, \cdots, A_n, \cdots$ 至少有一个发生".

2. 积事件(交)

AB 或 $A \cap B$,表示"事件 A 与事件 B 都发生",称作 A 与 B 的交或积. 一般地,$A_1 A_2 \cdots A_n \cdots$ 或 $\bigcap\limits_i A_i$ 表示事件"$A_1, A_2, \cdots, A_n, \cdots$ 都发生".

3. 差事件

$A - B$ 表示"事件 A 发生但是事件 B 不发生",称作 A 与 B 的差,或 A 减 B.

4. 文氏图

事件的关系和运算可以用文氏图形象地表示出来(见图 1.1,图中的矩形表示必然事件 Ω).

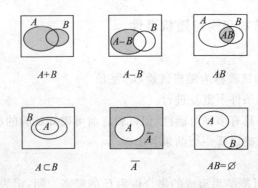

图 1.1　文氏图

（四）事件的运算法则

对于任意事件 $A, B, C, A_1, A_2, \cdots, A_n, \cdots$，有以下运算法则.

(1) 交换律：$A+B=B+A, AB=BA$.

(2) 结合律：$A+B+C=A+(B+C)=(A+B)+C$；

$$ABC=A(BC)=(AB)C.$$

(3) 分配律：$A(B+C)=AB+AC$；

$$A(A_1+A_2+\cdots+A_n+\cdots)=AA_1+AA_2+\cdots+AA_n+\cdots.$$

(4) 对偶律：$\overline{A+B}=\overline{A}\,\overline{B}$；$\overline{AB}=\overline{A}+\overline{B}$；

$$\overline{A_1+A_2+\cdots+A_n+\cdots}=\overline{A_1}\,\overline{A_2}\cdots\overline{A_n}\cdots;$$

$$\overline{A_1 A_2 \cdots A_n \cdots}=\overline{A_1}+\overline{A_2}+\cdots+\overline{A_n}+\cdots.$$

（五）概率的概念

1. 频率的定义

事件 A 在 n 次重复试验中出现 n_A 次，则比值 $\dfrac{n_A}{n}$ 称为事件 A 在 n 次重复试验中出现的频率，记为 $f_n(A)$，即 $f_n(A)=\dfrac{n_A}{n}$.

2. 统计概率

频率具有稳定性，即 $f_n(A)=\dfrac{n_A}{n}$ 随 n 的增大逐渐稳定于某个常数 p，称 p 为事件 A 的概率. 在实际问题中，当 n 很大时，取 $P(A)=p\approx\dfrac{n_A}{n}$ 称之为（统计）概率.

3. 概率的公理化定义

设 E 是随机试验，Ω 是它的样本空间，对于 E 的每一个事件 A，赋予一个实数 $P(A)$，如果满足

(1) 非负性：$0 \leqslant P(A) \leqslant 1$；

(2) 规范性：$P(\Omega)=1$；

(3) 可列可加性：设 $A_1, A_2, \cdots$ 是可列个互不相容事件，有 $P\left(\sum_{i=1}^{\infty} A_i\right)=\sum_{i=1}^{\infty} P(A_i)$，

则称 $P(A)$ 为事件 A 的概率.

4. 古典概率

若试验的基本结果数为有限个，且每个事件发生的可能性相等，则（试验所对应的概率模型为古典概型）事件 A 发生的概率为

$$P(A)=\frac{A \text{ 中所含样本点数}}{\Omega \text{ 中所含样本点数}}=\frac{m}{n}.$$

5. 几何概率

若试验基本结果数无限，随机点落在某区域 G 的概率与区域 G 的度量（长度、面积、体积等）成正比，而与其位置及形状无关，则（试验所对应的概率模型为几何概型）"在区域 Ω 中随机地取一点落在区域 G 中"这一事件 A 发生的概率为

$$P(A) = \frac{\mu(G)}{\mu(\Omega)},$$

其中, $\mu(G)$ 为区域(或区间)G 的度量(如长度、面积、体积等).

(六) 概率的基本性质

1. 规范性

$0 \leqslant P(A) \leqslant 1$(特别地 $P(\Omega)=1, P(\varnothing)=0$).

2. 有限可加性

对于任意有限个两两不相容事件 $A_1, A_2, \cdots, A_n$, 即

$$A_i A_j = \varnothing (i \neq j, i, j = 1, 2, \cdots, n),$$

有 $P(A_1 + A_2 + \cdots + A_n) = P(A_1) + P(A_2) + \cdots + P(A_n)$.

3. 单调不减性

若事件 $B \supset A$, 则 $P(B) \geqslant P(A)$, 且 $P(B-A) = P(B) - P(A)$.

4. 互逆性

$P(\overline{A}) = 1 - P(A)$.

5. 加法公式

对任意两事件 A, B, 有

$$P(A+B) = P(A) + P(B) - P(AB).$$

此性质可推广到任意 n 个事件 $A_1, A_2, \cdots, A_n$ 的情形.

6. 可分性

对任意两事件 A, B, 有 $P(A) = P(AB) + P(A\overline{B})$, 且

$$P(A+B) \leqslant P(A) + P(B).$$

(七) 条件概率与乘法公式

1. 条件概率

设 A, B 是两个事件, 且 $P(A) > 0$, 则

$$P(B|A) = \frac{P(AB)}{P(A)}$$

称为在事件 A 发生的条件下, 事件 B 发生的条件概率.

2. 乘法公式

设 A, B 是两个事件, 且 $P(A) > 0, P(B) > 0$, 则

$$P(AB) = P(A)P(B|A) = P(B)P(A|B)$$

称为事件 A, B 的概率乘法公式.

(八) 全概率公式与贝叶斯公式

1. 完备事件组

设 Ω 为试验 E 的样本空间, $A_1, A_2, \cdots, A_n$ 为 E 的一组事件. 若

$$A_1 + A_2 + \cdots + A_n = \Omega, A_i A_j = \varnothing (i \neq j, i, j = 1, 2, \cdots, n),$$

则称 $A_1, A_2, \cdots, A_n$ 构成一个完备事件组.

2. 全概率公式

设 $A_1, A_2, \cdots, A_n$ 是 Ω 的一个完备事件组,且 $P(A_i) > 0, i = 1, 2, \cdots, n$,则对任何事件 B,有

$$P(B) = \sum_{i=1}^{n} P(A_i) P(B \mid A_i),$$

上式称为全概率公式.

3. 贝叶斯(Bayes)公式

设 $A_1, A_2, \cdots, A_n$ 是 Ω 的一个完备事件组,且 $P(A_i) > 0, i = 1, 2, \cdots, n$,则对任何事件 B,有

$$P(A_i \mid B) = \frac{P(A_i) P(B \mid A_i)}{\displaystyle\sum_{i=1}^{n} P(A_i) P(B \mid A_i)},$$

上式称为贝叶斯公式或逆概率公式.

(九) 事件的独立性和独立试验

1. 事件的独立性

若 $P(AB) = P(A)P(B)$,则称事件 A 和事件 B 独立;若事件 $A_1, A_2, \cdots, A_n$ 之中任意 $m(2 \leqslant m \leqslant n)$ 个事件的交的概率都等于各事件概率的乘积,则称事件 $A_1, A_2, \cdots, A_n$ 相互独立.

2. 事件独立性的性质

若事件 $A_1, A_2, \cdots, A_n$ 相互独立,则其中

(1) 任意 $m(2 \leqslant m \leqslant n)$ 个事件也相互独立;

(2) 任意一个事件,与其余任意 $m(2 \leqslant m \leqslant n)$ 个事件运算仍相互独立;

(3) 将任意 $m(2 \leqslant m \leqslant n)$ 个事件换成其对立事件后,所得 m 个事件仍相互独立.

3. 独立试验

如果分别与试验 $E_1, E_2, \cdots, E_n$ 相联系的任意 n 个事件之间相互独立,则称试验 $E_1, E_2, \cdots, E_n$ 为相互独立的.

(1) 独立重复试验:"独立"表示"与各试验相联系的事件之间相互独立","重复"表示"每个事件在各次试验中出现的概率不变".

(2) 伯努利试验:只计"成功"和"失败"两种对立结果的试验,称作**伯努利试验**.将一伯努利试验独立地重复做 n 次,称作 n 次(n 重)伯努利试验,亦简称伯努利试验.伯努利试验的特点如下.

① 只有两种对立的结果;

② 各次试验相互独立;

③ 各次试验成功的概率相同.

设 ξ_n 是 n 次伯努利试验成功的次数,事件成功的概率为 p,则

$$P\{\xi_n = k\} = C_n^k p^k q^{n-k}, (k = 0, 1, \cdots, n),\text{其中 } q = 1 - p.$$

(十) 事件概率的计算

1. 直接计算

古典概型和几何概型的概率可直接计算.

2. 用频率估计概率

当 n 充分大时,用 n 次独立重复试验中事件 A 出现的频率,估计在每次试验中事件 A 的概率.

3. 概率的推算

利用概率的性质、基本公式和事件的独立性,由简单事件的概率推算较复杂事件的概率.

4. 利用概率分布

利用随机变量的概率分布,计算与随机变量相联系的事件的概率(见"第二章 随机变量及其分布").

三、疑难分析

1. 必然事件与不可能事件

必然事件是在一定条件下必然发生的事件,不可能事件指的是在一定条件下必然不发生的事件.它们都不具有随机性,是确定性的现象,但为研究的方便,把它们看作特殊的随机事件.

2. 对立事件与互斥(不相容)事件

如果两个事件 A 与 B 必有一个事件发生,且至多有一个事件发生,则 A,B 为对立事件;如果两个事件 A 与 B 不能同时发生,则 A,B 为互斥事件.因而,对立必定互斥,互斥未必对立.区别两者的关键是紧扣其定义:$A+B=\Omega, AB=\varnothing$(对立);$AB=\varnothing$(互斥).

3. 两事件独立与两事件互斥

两事件 A,B 独立,则 A 与 B 中任一个事件的发生与另一个事件的发生无关,这时有 $P(AB)=P(A)P(B)$;而两事件互斥,则其中任一个事件的发生必然导致另一个事件不发生,这两事件的发生是有影响的,这时 $AB=\varnothing, P(AB)=0$.

4. 条件概率 $P(A|B)$ 与积事件概率 $P(AB)$

$P(AB)$ 是在样本空间 Ω 内,事件 AB 的概率,而 $P(A|B)$ 是在试验 E 增加了新条件 B 发生后的缩减的样本空间 Ω_B 中计算事件 A 的概率.虽然 A,B 都发生,但两者是不同的,一般说来,当 A,B 同时发生时,常用 $P(AB)$,而在有包含关系或明确的主从关系时,用 $P(A|B)$.

如袋中有 9 个白球、1 个红球,作不放回抽样,每次任取一球,取 2 次,求:

(1) 第二次才取到白球的概率;

(2) 第一次取到的是白球的条件下,第二次取到白球的概率.

问题(1)求的就是一个积事件概率的问题,而问题(2)求的就是一个条件概率的问题.

5. 全概率公式与贝叶斯公式

当所求的事件概率为许多因素引发的某种结果,而该结果又不能简单地看作这诸多事件之和时,可考虑用全概率公式,在对样本空间进行划分时,一定要注意它必须满足的两个条件.贝叶斯公式用于试验结果已知,追查是何种原因(情况、条件)下引发的概率.

四、典型例题

【例 1.1】写出下列随机试验的样本空间及下列事件包含的样本点.

(1) 掷一颗骰子,出现奇数点.

(2) 投掷一枚质地均匀的硬币两次:

① 第一次出现正面;

② 两次出现同一面;

③ 至少有一次出现正面.

【分析】可对照集合的概念来理解样本空间和样本点:样本空间可指全集,样本点是元素,事件则是包含在全集中的子集.

【解】(1) 掷一颗骰子,有 6 种可能结果,如果用"1"表示"出现 1 点"这个样本点,其余类似.则样本空间为 $\Omega=\{1,2,3,4,5,6\}$,出现奇数点的事件为 $\{1,3,5\}$.

(2) 投掷一枚均匀硬币两次,其结果有 4 种可能,若用(正,反)表示"第一次出现正面,第二次出现反面"这一样本点,其余类似.则样本空间为 $\Omega=\{($正,正$),($正,反$),($反,正$),($反,反$)\}$,用 A,B,C 分别表示上述事件①、②、③,则事件 $A=\{($正,正$),($正,反$)\}$;事件 $B=\{($正,正$),($反,反$)\}$;事件 $C=\{($正,正$),($正,反$),($反,正$)\}$.

【例 1.2】以 A,B,C 分别表示某城市居民订阅日报、晚报和体育报.试用 A,B,C 表示以下事件.

(1) 只订阅日报;　　　 (2) 只订日报和晚报;　　 (3) 只订一种报;

(4) 正好订两种报;　　 (5) 至少订阅一种报;　　 (6) 不订阅任何报;

(7) 至多订阅一种报;　　 (8) 三种报纸都订阅;　　 (9) 三种报纸不全订阅.

【分析】利用事件的运算关系及性质来描述事件.

【解】(1) $A\bar{B}\bar{C}$;　 (2) $AB\bar{C}$;　　 (3) $A\bar{B}\bar{C}+\bar{A}B\bar{C}+\bar{A}\bar{B}C$;

(4) $AB\bar{C}+A\bar{B}C+\bar{A}BC$;　　 (5) $A+B+C$;　 (6) $\bar{A}\bar{B}\bar{C}$;

(7) $\bar{A}\bar{B}\bar{C}+A\bar{B}\bar{C}+\bar{A}B\bar{C}+\bar{A}\bar{B}C$ 或 $\overline{AB}+\overline{AC}+\overline{BC}$;

(8) ABC;　 (9) $\bar{A}+\bar{B}+\bar{C}$.

【例 1.3】设 $P(A)=\dfrac{1}{3}$,　$P(B)=\dfrac{1}{2}$,试就以下四种情况分别求 $P(B\bar{A})$.

(1) $AB=\varnothing$;　 (2) $A\subset B$;　 (3) $P(AB)=\dfrac{1}{8}$;　 (4) A,B 相互独立.

【分析】按概率的性质进行计算.

【解】(1) $P(B\bar{A})=P(B-AB)=P(B)-P(AB)=\dfrac{1}{2}$;

(2) $P(B\bar{A})=P(B-A)=P(B)-P(A)=\dfrac{1}{6}$;

(3) $P(B\bar{A})=P(B-AB)=P(B)-P(AB)=\dfrac{1}{2}-\dfrac{1}{8}=\dfrac{3}{8}$;

(4) $P(B\bar{A})=P(B)P(\bar{A})=\dfrac{1}{2}\times\left(1-\dfrac{1}{3}\right)=\dfrac{1}{3}$.

【例 1.4】已知 $P(A)=P(B)=P(C)=\dfrac{1}{4}$，$P(AC)=P(BC)=\dfrac{1}{16}$，$P(AB)=0$. 求事件 A,B,C 全不发生的概率.

【技巧】同时利用事件运算的德·摩根律及逆事件概率公式，是解概率题中常用的技巧之一.

【解】$P(\overline{A}\,\overline{B}\,\overline{C})=P(\overline{A+B+C})=1-P(A+B+C)$

$\qquad\qquad =1-[P(A)+P(B)+P(C)-P(AB)-P(AC)-P(BC)+P(ABC)]$

$\qquad\qquad =1-\left[\dfrac{1}{4}+\dfrac{1}{4}+\dfrac{1}{4}-0-\dfrac{1}{16}-\dfrac{1}{16}+0\right]=\dfrac{3}{8}.$

【例 1.5】一个小孩用 13 个字母 A，A，A，C，E，H，I，I，M，M，N，T，T 作组字游戏. 如果字母的各种排列是随机的（等可能的），问"恰好组成 MATHEMATICIAN"一词的概率为多大？

【分析】此题考查的是古典概型概率的计算.

【解】显然样本点总数为 13!，设 $A=\{$恰好组成 MATHEMATICIAN$\}$，事件 A 包含 3! 2! 2! 2! 个样本点. 所以 $P(A)=\dfrac{3!\ 2!\ 2!\ 2!}{13!}=\dfrac{48}{13!}.$

【例 1.6】袋中有 α 个白球及 β 个黑球.

（1）从袋中任取 $a+b$ 个球，试求所取的球恰含有 a 个白球和 b 个黑球的概率（$a\leqslant\alpha,b\leqslant\beta$）；

（2）从袋中任意地接连取出 $k+1$ 个（$k+1\leqslant\alpha+\beta$）个球，如果每球被取出后不放回，试求最后取出的球是白球的概率.

【分析】这是一个古典概型概率的计算问题.

【解】（1）从 $\alpha+\beta$ 个球中取出 $a+b$ 个球，这种取法总共有 $C_{\alpha+\beta}^{a+b}$ 种.

设 $A=\{$恰好取中 a 个白球和 b 个黑球$\}$，故 A 中所含样本总数为 $C_{\alpha}^{a}\cdot C_{\beta}^{b}$，从而

$$P(A)=\frac{C_{\alpha}^{a}\cdot C_{\beta}^{b}}{C_{\alpha+\beta}^{a+b}}.$$

（2）从 $\alpha+\beta$ 个球中接连不放回地取出 $k+1$ 个球，由于具有次序，所以应考虑排列问题，因此，共有 $A_{\alpha+\beta}^{k+1}$ 种取法.

设 $B=\{$最后取出的球为白球$\}$，则 B 中所含样本点数可以通过乘法原理来计算：考虑有 $k+1$ 个位子，编号分别为 $1,2,\cdots,k,k+1$，将第 n 次取出的球放入第 n 号位子. 第 $k+1$ 次取出的球是白球，相当于第 $k+1$ 号位子是白球. 为保证第 $k+1$ 号位子是白球，先从 α 个白球中任意取一个放入第 $k+1$ 号位子，有 α 种取法；而其余的 k 个位子随便放，共有 $A_{\alpha+\beta-1}^{k}$ 种不同的取法（同样要考虑排列）. 因而 B 中包含的样本点共有 $\alpha\cdot A_{\alpha+\beta-1}^{k}$ 个，故

$$P(B)=\frac{\alpha\cdot A_{\alpha+\beta-1}^{k}}{A_{\alpha+\beta}^{k+1}}=\frac{\alpha}{\alpha+\beta}.$$

【注】① 从上例知，在计算样本点总数以及事件所含样本点的数目时，必须在同一确定的样本空间中考虑，如果一个考虑了顺序，在另一个也必须按同样的方法考虑顺序.

② 如果我们将"白球"、"黑球"换成"合格品"、"次品"等，就得到各种各样的摸球问题，这就是抽球问题的原型意义所在.

③ 在上例的两个问题中，我们采取的抽样方式实际上都是不放回的抽样，如果我们改用有放回的抽样，即每次摸出球后仍放回袋中，则容易知道

$$P(A)=C_{a+b}^{a}\left(\frac{\alpha}{\alpha+\beta}\right)^{a}\left(\frac{\beta}{\alpha+\beta}\right)^{b},$$

$$P(B)=\frac{\alpha}{\alpha+\beta}.$$

对第一个问题(即事件 A),在"不放回抽样"与"放回抽样"情形下问题的答案,恰好是我们以后所介绍的"超几何分布"与"二项分布"的实际背景.对第二个问题(即事件 B),无论是"不放回抽样",还是"放回抽样",答案都是 $\frac{\alpha}{\alpha+\beta}$,其结果与 k 无关,此结果说明了日常生活中抓阄、分票的合理性.

【例 1.7】将 n 个人等可能地分配到 $N(n\leqslant N)$ 间房中去,试求下列事件的概率.

$A=\{$某指定的 n 间房中各有一个人$\}$;

$B=\{$恰有 n 间房,其中各有一人$\}$;

$C=\{$某指定的房中恰有 $m(m\leqslant n)$ 个人$\}$.

【分析】这是一个典型的古典概型概率的计算问题.

【解】把 n 个人等可能地分配到 N 间房中去,由于并没有限定每一房中的人数,故是一可重复的排列问题,这样的分法共有 N^n 种.对于事件 A,今固定某 n 间房,第一个人可分配到 n 间房的任一间,有 n 种方法;第二个人可分配到余下的 $n-1$ 间房中的任一间,有 $n-1$ 种分法,依次类推,得到 A 共含有 $n!$ 个样本点,故

$$P(A)=\frac{n!}{N^n}.$$

对于事件 B,因为 n 间房没有指定,所以可先在 N 间房中任意选出 n 间房(共有 C_N^n 种选法),然后对于选出来的某 n 间房,按照上面的分析,可知 B 共含有 $C_N^n\cdot n!$ 个样本点,从而

$$P(B)=\frac{C_N^n\cdot n!}{N^n}.$$

对于事件 C,由于 m 个人可自 n 个人中任意选出,并不是指定的,因此有 C_n^m 种选法,而其余的 $n-m$ 个人可任意地分配到其余的 $N-1$ 间房中,共有 $(N-1)^{n-m}$ 种分配方法,故 C 中共含有 $C_n^m\cdot(N-1)^{n-m}$ 个样本点,因此

$$P(C)=\frac{C_n^m\cdot(N-1)^{n-m}}{N^n}=C_n^m\left(\frac{1}{N}\right)^m\left(1-\frac{1}{N}\right)^{n-m}.$$

【注】可归入"分房问题"处理的古典概型的实际问题非常多,例如下面的问题.

① 生日问题:n 个人的生日的可能情形,这时 $N=365$ 天$(n\leqslant365)$;

② 旅客下站问题:一客车上有 n 名旅客,它在 N 个站上都停,旅客下站的各种可能情形;

③ 印刷错误问题:n 个印刷错误在一本有 N 页的书中的一切可能的分布(n 一般不超过每一页的字符数);

④ 放球问题:将 n 个球放入 N 个盒子的可能情形.

值得注意的是,在处理这类问题时,要分清楚什么是"人"什么是"房",一般不能颠倒.

【例 1.8】从 $0,1,2,\cdots,9$ 这 10 个数字中,任意选出 3 个不同的数字,试求下列事件的概率.

$A_1 = \{3$ 个数字中不含 0 和 $5\}$;

$A_2 = \{3$ 个数字中不含 0 或 $5\}$.

【分析】这是一个古典概率的计算问题,综合运用概率的性质进行计算.

【解】随机试验是从 10 个数字中任取 3 个数字,故样本空间 Ω 的样本总数为 C_{10}^3.

如果取得的 3 个数字不含 0 和 5,则这 3 个数字必须在其余的 8 个数字中取得,故事件 A_1 所含的样本点的个数为 C_8^3,从而

$$P(A_1) = \frac{C_8^3}{C_{10}^3} = \frac{7}{15}.$$

对事件 A_2,我们引入下列事件:$B_1 = \{3$ 个数字中含 0,不含 $5\}$;$B_2 = \{3$ 个数字中含 5,不含 $0\}$;$B_3 = \{3$ 个数字中既不含 0,又不含 $5\}$.则 $A_2 = B_1 \bigcup B_2 \bigcup B_3$,且 B_1,B_2,B_3 两两互不相容,于是有

$$P(A_2) = P(B_1) + P(B_2) + P(B_3) = \frac{C_8^2}{C_{10}^3} + \frac{C_8^2}{C_{10}^3} + \frac{C_8^3}{C_{10}^3} = \frac{14}{15}.$$

【注】① 对事件 A_2 的概率求法,我们还有另外两种方法.

(方法一)利用逆事件进行计算.

若注意到 $\overline{A}_2 = \{3$ 个数字中既含有 0 又含 $5\}$,则有

$$P(A_2) = 1 - P(\overline{A}_2) = 1 - \frac{C_8^1}{C_{10}^3} = 1 - \frac{1}{15} = \frac{14}{15}.$$

(方法二)利用加法公式进行计算.

若引入事件:$C_1 = \{3$ 个数字中不含 $0\}$;$C^2 = \{3$ 个数字中不含 $5\}$.则 $A_2 = C_1 \bigcup C_2$,从而有

$$P(A_2) = P(C_1) + P(C_2) - P(C_1 C_2) = \frac{C_9^3}{C_{10}^3} + \frac{C_9^3}{C_{10}^3} - \frac{C_8^3}{C_{10}^3}$$

$$= \frac{7}{10} + \frac{7}{10} - \frac{7}{15} = \frac{14}{15}.$$

② 由此例可见,如果能利用事件间的运算关系,将一个较为复杂的事件分解成若干个比较简单的事件的和、差、积等,再利用相应的概率公式,就能比较简便地计算较复杂事件的概率,这种思想方法希望读者能熟练掌握.

【例 1.9】在区间 $[0,1]$ 中,随机地取出两个数,求两数之和小于 1.2 的概率.

【分析】本题的难点是把所求问题归结为一个几何概型的问题,这类问题其实在考虑均匀分布的相关概率时是比较常见的,读者可以将它理解成这样一个问题:设 X 与 Y 相互独立,且 X,Y 等可能地在区间 $[0,1]$ 上取值,于是随机点 (X,Y) 等可能地落在正方形 $[0,1] \times [0,1]$ 上.于是,相当于 $\Omega = [0,1] \times [0,1]$,$A = \{(X,Y) \mid X+Y < 1.2\} \subset \Omega$.虽然题目中没有明确给出"独立性"这一条件,但一般字眼"随机地",除了表示试验结果是等可能的外,还表示了取出的两个数是相互独立的.同时,由于问题所涉及的区域往往是较为规则的几何图形,因此,许多情形下,只须利用初等数学的方法就能求出这些图形的面积.

【解】设 x,y 为区间 $(0,1)$ 中随机取出的两个数,则试验的样本空间 $\Omega = \{(x,y) \mid 0 < x < 1, 0 < y < 1\}$,而所求的事件 $A = \{(x,y) \mid (x,y) \in \Omega, x+y < 1.2\}$.从而,由几何概率的计算公式知

$$P(A) = \frac{A \text{ 的面积}}{\Omega \text{ 的面积}} = \frac{1 - \frac{1}{2} \times 0.8^2}{1} = 0.68.$$

【例 1.10】设 10 件产品中有 4 件不合格品,从中任取 2 件,已知所取 2 件产品中有 1 件不合格品,求另一件也是不合格品的概率.

【分析】在已知"所取 2 件产品中有 1 件不合格品"的条件下求"另一件也是不合格品"的概率,所以是条件概率问题.根据公式 $P(B|A) = \frac{P(AB)}{P(A)}$,必须求出 $P(A)$,$P(AB)$.

【解】令 $A =$ "两件中至少有一件不合格",$B =$ "两件都不合格",则

$$P(B|A) = \frac{P(AB)}{P(A)} = \frac{P(B)}{1 - P(\bar{A})} = \frac{\frac{C_4^2}{C_{10}^2}}{1 - \frac{C_6^2}{C_{10}^2}} = \frac{1}{5}.$$

【例 1.11】从 1～100 个整数中,任取一数,已知取出的一数是不超过 50 的数,求它是 2 或 3 的倍数的概率.

【分析】记 $A = \{$取出的数不超过 50$\}$;

$B = \{$取出的数是 2 的倍数$\}$;

$C = \{$取出的数是 3 的倍数$\}$.

则所求概率为条件概率 $P(B \cup C | A)$,然后利用条件概率的性质进行计算.

【解】A,B,C 同上所设,由条件概率的性质知

$$P(B \cup C | A) = P(B|A) + P(C|A) - P(BC|A)$$
$$= \frac{P(BA)}{P(A)} + \frac{P(CA)}{P(A)} - \frac{P(BCA)}{P(A)}.$$

由于

$$P(A) = \frac{1}{2}, P(BA) = \frac{25}{100}, P(CA) = \frac{16}{100}, P(BCA) = \frac{8}{100},$$

故

$$P(B \cup C | A) = 2\left[\frac{25}{100} + \frac{16}{100} - \frac{8}{100}\right] = \frac{33}{50}.$$

【例 1.12】设有白球和黑球各 4 只,从中任取 4 只放入甲盒,余下 4 只放入乙盒,然后分别在两盒中各任取一只,颜色正好相同,试问放入甲盒的 4 只球中有几只白球的概率最大,且求出此概率.

【分析】应用全概率公式和贝叶斯公式计算.

【解】设 $A = \{$从甲、乙两盒中各取一球,颜色相同$\}$,

$B_i = \{$甲盒中有 i 只白球$\}$,$i = 0, 1, 2, 3, 4$.

显然 $B_0, B_1, \cdots, B_4$ 构成一完备事件组,又由题设知

$$P(B_i) = \frac{C_4^i C_4^{4-i}}{C_8^4}, i = 0, 1, \cdots, 4.$$

且

$$P(A|B_1) = \frac{3}{8}, P(A|B_2) = \frac{4}{8}, P(A|B_3) = \frac{3}{8},$$

$$P(A|B_0) = P(A|B_4) = 0.$$

从而由全概率公式得

$$P(A) = \sum_{i=0}^{5} P(B_i)P(A \mid B_i)$$

$$= \frac{C_4^1 C_4^3}{C_8^4} \times \frac{3}{8} + \frac{C_4^2 C_4^2}{C_8^4} \times \frac{4}{8} + \frac{C_4^3 C_4^1}{C_8^4} \times \frac{3}{8} = \frac{3}{7}.$$

再由贝叶斯公式得

$$P(B_1|A) = \frac{P(B_1)P(A|B_1)}{P(A)} = \frac{\frac{8}{35} \times \frac{3}{8}}{\frac{3}{7}} = \frac{1}{5},$$

$$P(B_2|A) = \frac{P(B_2)P(A|B_2)}{P(A)} = \frac{\frac{18}{35} \times \frac{4}{8}}{\frac{3}{7}} = \frac{3}{5},$$

$$P(B_3|A) = \frac{P(B_3)P(A|B_3)}{P(A)} = \frac{\frac{8}{35} \times \frac{3}{8}}{\frac{3}{7}} = \frac{1}{5},$$

$$P(B_0|A) = P(B_4|A) = 0.$$

即放入甲盒的 4 只球中有两只白球的概率最大，最大值为 $\frac{3}{5}$.

【例 1.13】玻璃杯成箱出售，每箱 20 只，假设各箱含 0,1,2 只残次品的概率相应为 0.8，0.1 和 0.1，一顾客欲购一箱玻璃杯，在购买时，售货员随意取一箱，而顾客开箱随机地查看 4 只，若无残次品，则买下该箱玻璃杯，否则退回，试求：

（1）顾客买下该箱的概率 α；

（2）在顾客买下的一箱中，确实没有残次品的概率 β.

【分析】由于玻璃杯箱总共有 3 类，分别含 0,1,2 只残次品，而售货员取的那一箱可以是这 3 类中的任一箱，顾客是在售货员取的一箱中检查的，顾客是否买下这一箱与售货员取的是哪一类的箱子有关，这类问题的概率计算一般可用全概率公式解决，第二问是条件概率问题.

【解】引入下列事件：

$A = \{$顾客买下该箱$\}$；

$B_i = \{$售货员取的箱中恰好有 i 件残次品$\}$，$i = 0,1,2.$

显然，B_0, B_1, B_2 构成一完备事件组，且

$$P(B_0) = 0.8, P(B_1) = 0.1, P(B_2) = 0.1,$$

$$P(A|B_0) = 1, P(A|B_1) = \frac{C_{19}^4}{C_{20}^4} = \frac{4}{5}, P(A|B_2) = \frac{C_{18}^4}{C_{20}^4} = \frac{12}{19}.$$

（1）由全概率公式得

$$\alpha = P(A) = \sum_{i=0}^{2} P(B_i)P(A|B_i)$$

$$= 0.8 \times 1 + 0.1 \times \frac{4}{5} + 0.1 \times \frac{12}{19} \approx 0.94;$$

（2）由贝叶斯公式得

$$\beta = P(B_0 \mid A) = \frac{P(B_0)P(A \mid B_0)}{P(A)} \approx \frac{0.8 \times 1}{0.94} \approx 0.85.$$

【技巧】本题是考查全概率公式与贝叶斯公式的典型试题．一般来说，在应用上述两个公式计算概率时，关键是寻找出试验的一完备事件组 $B_1, B_2, \cdots, B_n$．在一次试验中，这组事件中能且只能有一个发生．因此，事件 A 只能与 $B_1, B_2, \cdots, B_n$ 中之一的事件同时发生．直观地讲，$B_1, B_2, \cdots, B_n$ 中的每一个都可看成导致事件 A 发生的"原因"．而在问题中，$P(B_i)$ 与 $P(A \mid B_i)$ 是容易知道的，于是事件 A 的概率恰为在各种"原因"下 A 发生的条件概率 $P(A \mid B_i)$ 的加权平均，权重恰为各"原因"出现的概率，这就是全概率公式解决问题的思路．而贝叶斯公式实际上是在已知结果发生的条件下，来找各"原因"发生的概率大小的，即求条件概率 $P(B_i \mid A)(i = 1, 2, \cdots, n)$．通常我们称 $P(B_i)$ 为先验概率，$P(B_i \mid A)$ 为后验概率，前者往往是根据以往经验确定的一种"主观概率"，而后者是在事件 A 发生之后来判断 B_i 发生的概率．因此，贝叶斯公式实际上是利用先验概率来求后验概率．

【例 1.14】设三次独立试验中，事件 A 出现的概率相等，若已知 A 至少出现一次的概率等于 $\frac{19}{27}$，则事件 A 在一次试验中出现的概率为多大？

【分析】若直接由已知 A 至少出现一次的概率为 $\frac{19}{27}$ 来求解本题，则要考虑可能出现一次、二次、三次等情况，工作量大，所以利用逆事件较方便．

【解】记 $A_i = \{$事件 A 在第 i 次试验中出现$\}$，则 $P(A_i) = p, i = 1, 2, 3$．
由三次试验独立知

$$P(A_1 \cup A_2 \cup A_3) = 1 - P(\bar{A}_1 \bar{A}_2 \bar{A}_3) = 1 - P(\bar{A}_1 P(\bar{A}_2)P(\bar{A}_3))$$
$$= 1 - (1-p)^3 = \frac{19}{27}.$$

因此，解得 $p = \frac{1}{3}$．

【例 1.15】由射手对飞机进行 4 次独立射击，每次射击命中的概率为 0.3，一次命中飞机被击落的概率为 0.6，至少两次命中时，飞机必被击落，求飞机被击落的概率．

【分析】由于飞机是否被击落是与飞机被命中几次有关联的，因此，这个问题首先是一个利用全概率公式计算概率的问题，而飞机被命中几次又是一个伯努利概型的问题，故本题是一个全概率公式与伯努利公式的综合应用题．

【解】设 $A = \{$飞机被击落$\}$；$B_i = \{$飞机恰被命中 i 次$\}$，$i = 0, 1, 2, 3, 4$．
显然，B_i 的概率可由 4 重伯努利概型问题来计算，即

$$P(B_i) = C_4^i (0.3)^i 0.7^{4-i}, i = 0, 1, 2, 3, 4.$$

又由题设知

$$P(\bar{A} \mid B_0) = 1, P(\bar{A} \mid B_1) = 1 - P(A \mid B_1) = 1 - 0.6 = 0.4,$$
$$P(\bar{A} \mid B_i) = 0, i = 2, 3, 4.$$

因此由全概率公式可得

$$P(\bar{A}) = \sum_{i=0}^{4} P(B_i) P(\bar{A} \mid B_i)$$

$$= P(B_0)P(\overline{A} \mid B_0) + P(B_1)P(\overline{A} \mid B_1)$$

$$= 0.7^4 \times 1 + C_4^1 \times 0.3 \times 0.7^3 \times 0.4 \approx 0.405,$$

故 $P(A) = 1 - P(\overline{A}) = 0.595$.

【例 1.16】 假设一厂家生产的仪器，以概率 0.70 可以直接出厂，以概率 0.30 需进一步调试，经调试后以概率 0.80 可以出厂，并以概率 0.20 定为不合格品不能出厂. 现该厂新生产了 $n(n \geqslant 2)$ 台仪器(假设各台仪器的生产过程相互独立)，求：

(1) 全部能出厂的概率；

(2) 其中恰有 2 件不能出厂的概率；

(3) 其中至少有 2 件不能出厂的概率.

【分析】 此问题考查的是概率的加法公式、乘法公式与伯努利公式的综合应用.

【解】 令 A＝"仪器需进一步调试"，B＝"仪器能出厂"，

$\overline{A}$＝"仪器能直接出厂"，AB＝"仪器经调试后能出厂".

显然 $B = \overline{A} + AB$,

而 $P(A) = 0.3, P(B|A) = 0.8,$

$P(AB) = P(A)P(B|A) = 0.3 \times 0.8 = 0.24,$

所以 $P(B) = P(\overline{A}) + P(AB) = 0.7 + 0.24 = 0.94.$

令 B_i＝"n 件中恰有 i 件仪器能出厂"，$i = 0, 1, \cdots, n$，则

(1) $P(B_n) = (0.94)^n;$

(2) $P(B_{n-2}) = C_n^{n-2}(0.94)^{n-2}(0.06)^2 = C_n^2(0.94)^{n-2}(0.06)^2;$

(3) $P\left(\sum\limits_{k=0}^{n-2} B_k\right) = 1 - P(B_{n-1}) - P(B_n) = 1 - C_n^1 0.06(0.94)^{n-1} - (0.94)^n.$

【例 1.17】 (2007 年考研题) 某人向同一目标独立重复射击，每次射击命中目标的概率为 p($0 < p < 1$)，则此人第 4 次射击恰好第 2 次命中目标的概率为(   ).

(A) $3p(1-p)^2$ (B) $6p(1-p)^2$ (C) $3p^2(1-p)^2$ (D) $6p^2(1-p)^2$

【分析】 此题考查伯努利概型的概率的计算.

【解】 "第 4 次射击恰好第 2 次命中"表示 4 次射击中第 4 次命中目标，前 3 次射击中有 1 次命中目标. 由独立重复性知所求概率为 $C_3^1 p^2(1-p)^2$. 故选(C).

第二章

随机变量及其分布

一、基本要求

（1）理解随机变量的概念，掌握分布函数的定义与性质．
（2）理解离散型随机变量及其分布列的概念与性质，会求分布列．
（3）理解连续型随机变量及其密度函数的概念与性质．
（4）掌握密度函数与分布函数的关系．
（5）掌握三个离散型分布：0－1分布、二项分布和泊松分布．
（6）掌握三个连续型分布：均匀分布、指数分布和正态分布．
（7）会利用随机变量的概率分布进行有关概率计算．
（8）会求随机变量的简单函数的概率分布．

二、内容提要

（一）随机变量的概念

设随机试验的样本空间为 $\Omega=\{\omega\}$，$X=X(\omega)$ 是定义在 Ω 上的实值（单值）函数，则称 $X=X(\omega)$ 为随机变量．

随机变量的取值随试验结果而定．试验前不能预知它取什么值，且它的取值有一定的概率，这是随机变量与普通函数的本质差异．引入随机变量，使我们可利用微积分的方法对随机试验的结果进行广泛而深入地研究．

随机变量因取值方式不同，通常分为离散型和非离散型两类，而非离散型随机变量中最重要的是连续型随机变量．今后，我们主要讨论离散型随机变量和连续型随机变量．

（二）离散型随机变量

1. 离散型随机变量及分布列的定义

如果随机变量 X 仅可能取有限个或无限可列个，则称 X 为离散型随机变量．

离散型随机变量 X 的分布可用下列分布列表示：

$$P\{X=x_n\}=p_n, \quad n=1,2,3,\cdots,$$

或表示为表格形式：

X	x_1	x_2	$\cdots$	x_n	$\cdots$
$P\{X=x_i\}$	p_1	p_2	$\cdots$	p_n	$\cdots$

其中 p_n 满足 $\sum\limits_{n=1}^{\infty} p_n = 1, p_n \geqslant 0 (n=1,2,3,\cdots)$.

2. 常见的离散型随机变量的分布

(1) $0-1$ 分布 $B(1,p)$: $P\{X=k\}=p^k(1-p)^{1-k}(0<p<1,k=0,1)$.

(2) 二项分布 $B(n,p)$: $P\{X=k\}=C_n^k p^k(1-p)^{n-k}(k=0,1,2,\cdots,n)(0<p<1)$.

注意：① 当 $n=1$ 时，二项分布即为 $0-1$ 分布.

② 在 n 重伯努利试验中，事件 A 发生 k 次的概率为 $C_n^k p^k (1-p)^{n-k}$.

(3) 泊松分布 $P(\lambda)$: $P\{X=k\}=\dfrac{\lambda^k e^{-\lambda}}{k!}(k=0,1,2,\cdots)$, 其中参数 $\lambda>0$.

(三) 连续型随机变量

1. 连续型随机变量及概率密度函数的定义

对于随机变量 X, 如果存在非负可积函数 $f(x)$, 使得对任意 $a,b(a<b)$ 都有

$$P\{a \leqslant X \leqslant b\} = \int_a^b f(x)\mathrm{d}x,$$

则称 X 为连续型随机变量，并称 $f(x)$ 为连续型随机变量 X 的概率密度函数，简称概率密度或密度函数，可记为 $X \sim f(x)$.

2. 密度函数的基本性质

(1) $f(x) \geqslant 0$;

(2) $\int_{-\infty}^{+\infty} f(x)\mathrm{d}x = 1$;

(3) 连续型随机变量 X 在任意指定点 x_0 处概率为 0, 即 $P\{X=x_0\}=0$. 所以有

$$P\{a \leqslant X \leqslant b\} = P\{a \leqslant X < b\} = P\{a < X \leqslant b\} = P\{a < X < b\} = \int_a^b f(x)\mathrm{d}x.$$

3. 常见的连续型随机变量的分布

(1) 均匀分布. 设连续型随机变量 X 在有限区间 $[a,b]$ 上取值 $(a<b)$, 且它的概率密度为

$$f(x) = \begin{cases} \dfrac{1}{b-a}, & a \leqslant x \leqslant b, \\ 0, & \text{其他}, \end{cases}$$

则称 X 服从区间 $[a,b]$ 上的均匀分布，记作 $X \sim U[a,b]$.

(2) 指数分布. 设连续型随机变量 X 的概率密度为

$$f(x) = \begin{cases} \lambda e^{-\lambda x}, & x>0, \\ 0, & x \leqslant 0, \end{cases} \quad (\lambda>0),$$

则称 X 服从参数为 λ 的指数分布，记作 $X \sim E(\lambda)$.

(3)正态分布. 设连续型随机变量 X 的概率密度为

$$f(x) = \frac{1}{\sqrt{2\pi}\sigma} \mathrm{e}^{-\frac{(x-\mu)^2}{2\sigma^2}}, \quad -\infty < x < +\infty,$$

其中 $\mu, \sigma(\sigma > 0)$ 为参数,则称 X 服从参数为 μ, σ 的正态分布,记作 $X \sim N(\mu, \sigma^2)$.

特别地,如果正态分布 $N(\mu, \sigma^2)$ 中的两个参数 $\mu = 0, \sigma = 1$,则称 X 服从标准正态分布,记作 $X \sim N(0, 1)$.

(四) 分布函数

1. 分布函数的定义

设 X 是一个随机变量,x 是任意实数,则称函数

$$F(x) = P\{X \leqslant x\} \quad (-\infty < x < +\infty)$$

同为随机变量 X 的分布函数. 它在点 x 处的值是事件 $\{X \leqslant x\}$ 的概率,即 X 在 $(-\infty, x]$ 上取值的概率.

2. 利用分布函数求事件的概率

$P\{a < X \leqslant b\} = F(b) - F(a);$ $P\{X = a\} = F(a) - F(a^-);$

$P\{a < X < b\} = F(b^-) - F(a);$ $P\{X \leqslant a\} = F(a);$

$P\{a \leqslant X \leqslant b\} = F(b) - F(a^-);$ $P\{X \geqslant a\} = 1 - F(a^-);$

$P\{X > a\} = 1 - F(a);$ $P\{X < a\} = F(a^-).$

其中,$F(a^-) = \lim\limits_{x \to a-0} F(x).$

3. 分布函数的基本性质

(1) $F(x)$ 是单调不减的函数,即对任意 $x_1 < x_2$,有 $F(x_1) \leqslant F(x_2)$.

(2) $0 \leqslant F(x) \leqslant 1 \, (-\infty < x < +\infty)$,且

$$F(-\infty) = \lim_{x \to -\infty} F(x) = 0, F(+\infty) = \lim_{x \to +\infty} F(x) = 1.$$

(3) $F(x^+) = F(x)$,即 $F(x)$ 是右连续的.

注意:这三条性质是检验 $F(x)$ 是否为某个随机变量的分布函数的充分必要条件.

4. 离散型随机变量 X 的分布函数

设 X 的分布列为 $P\{X = x_k\} = p_k \, (k = 1, 2, \cdots)$,其分布函数为 $F(x)$,则

(1) $F(x) = \sum\limits_{x_k \leqslant x} P\{X = x_k\} = \sum\limits_{x_k \leqslant x} p_k;$

(2) $F(x)$ 是阶梯函数;

(3) $P\{X = x_k\} = F(x_k) - F(x_k^-).$

5. 连续型随机变量 X 的分布函数

设连续型随机变量 X 的概率密度函数为 $f(x)$,其分布函数为 $F(x)$,则

(1) $F(x) = \int_{-\infty}^{x} f(t) \mathrm{d}t;$

(2) $F(x)$ 是 x 的连续函数 $(-\infty < x < \infty)$;

(3) 在密度函数 $f(x)$ 的连续点 x 处有 $F'(x) = f(x).$

6. 正态分布的概率计算

(1) 设 $X \sim N(0, 1)$,其密度函数为

$$\varphi(x)=\frac{1}{\sqrt{2\pi}}\mathrm{e}^{-\frac{x^2}{2}},\ -\infty<x<+\infty,$$

分布函数为

$$\Phi(x)=\frac{1}{\sqrt{2\pi}}\int_{-\infty}^{x}\mathrm{e}^{-\frac{t^2}{2}}\mathrm{d}t,\ -\infty<x<+\infty.$$

（2）标准正态分布的性质：$\Phi(-x)=1-\Phi(x)$，$\Phi(0)=\dfrac{1}{2}$.

（3）关于正态分布 $N(\mu,\sigma^2)$ 的概率计算，应熟练掌握以下两个结果.

① $P\{a<X\leqslant b\}=\Phi\left(\dfrac{b-\mu}{\sigma}\right)-\Phi\left(\dfrac{a-\mu}{\sigma}\right)$；

② $\Phi(-x)=1-\Phi(x)$.

（五）随机变量函数的分布

设 X 为随机变量，随机变量 Y 为 X 的函数，$Y=g(X)$（$g(\cdot)$ 是已知的连续函数），则关于 Y 的概率分布的求解方法如下.

1. X 为离散型随机变量

若 X 的分布列为

X	x_1	x_2	$\cdots$	x_k	$\cdots$
$P\{X=x_i\}$	p_1	p_2	$\cdots$	p_k	$\cdots$

记 $y_i=g(x_i)(i=1,2,\cdots)$，则

Y	y_1	y_2	$\cdots$	y_k	$\cdots$
$P\{Y=y_i\}$	p_1'	p_2'	$\cdots$	p_k'	$\cdots$

其中，若有 $g(x_i)=g(x_l)=\cdots=y_k$，则把相应的概率 $p_i,p_l,\cdots$ 之和记为 p_k'.

2. X 为连续型随机变量

如果 X 是一个连续型随机变量，其密度函数为 $f_X(x)$，若 $g(x)$ 为连续函数，则 $Y=g(X)$ 也是一个连续型随机变量. 求 Y 的密度函数 $f_Y(y)$ 的一般方法如下.

第一步：求出 Y 的分布函数 $F_Y(y)$.

$$F_Y(y)=P\{Y\leqslant y\}=P\{g(X)\leqslant y\}=\int_{g(x)\leqslant y}f_X(x)\mathrm{d}x;$$

第二步：求 Y 的密度函数 $f_Y(y)$.

$$f_Y(y)=\frac{\mathrm{d}}{\mathrm{d}y}(F_Y(y)).$$

三、典型例题

【例 2.1】设有 10 件产品，其中有 3 件次品，现从中任取 4 件，以 X 表示取到的次品数.

（1）求 X 的所有可能取值及取这些值的概率；

（2）求 X 的分布列；

（3）求概率 $P\{-2\leqslant X\leqslant 2\}$.

【分析】本题考查离散型随机变量的分布列以及相关的概率计算问题.

【解】（1）X 的所有可能取值为 $0,1,2,3$.

$$P\{X=0\}=P\{4\text{ 件全是正品}\}=\frac{C_7^4}{C_{10}^4}=\frac{1}{6},$$

$$P\{X=1\}=P\{1\text{ 件次品},3\text{ 件正品}\}=\frac{C_3^1 C_7^3}{C_{10}^4}=\frac{1}{2},$$

$$P\{X=2\}=P\{2\text{ 件次品},2\text{ 件正品}\}=\frac{C_3^2 C_7^2}{C_{10}^4}=\frac{3}{10},$$

$$P\{X=3\}=P\{3\text{ 件次品},1\text{ 件正品}\}=\frac{C_3^3 C_7^1}{C_{10}^4}=\frac{1}{30}.$$

（2）X 的分布列为

X	0	1	2	3
P	$\frac{1}{6}$	$\frac{1}{2}$	$\frac{3}{10}$	$\frac{1}{30}$

（3）$P\{-2\leqslant X\leqslant 2\}=P\{X=0\}+P\{X=1\}+P\{X=2\}=\frac{1}{6}+\frac{1}{2}+\frac{3}{10}=\frac{29}{30}.$

【例 2.2】进行某种试验，成功的概率为 $\frac{3}{4}$，失败的概率为 $\frac{1}{4}$. 以 X 表示试验首次成功所需试验的次数，试写出 X 的分布列，并计算 X 取偶数的概率.

【分析】本题考查离散型随机变量的分布列以及相关的概率计算问题.

【解】X 的分布列为

$$P(X=k)=\left(\frac{1}{4}\right)^{k-1}\frac{3}{4},k=1,2,\cdots.$$

X 取偶数的概率为

$$P(X=2)+P(X=4)+\cdots+P(X=2k)+\cdots$$

$$=\frac{1}{4}\cdot\frac{3}{4}+\left(\frac{1}{4}\right)^3\cdot\frac{3}{4}+\cdots+\left(\frac{1}{4}\right)^{2k-1}\cdot\frac{3}{4}+\cdots$$

$$=\frac{3}{4}\cdot\frac{\frac{1}{4}}{1-\left(\frac{1}{4}\right)^2}=\frac{1}{5}.$$

【例 2.3】已知 $P\{X=k\}=\dfrac{\lambda^k}{c\cdot k!}(k=1,2,\cdots)$ 为随机变量 X 的分布列，其中 $\lambda>0$，试确定常数 c.

【分析】本题考查离散型随机变量分布列的性质.

【解】由分布列的性质可知 $c>0$ 和 $\displaystyle\sum_{k=1}^{+\infty}P\{X=k\}=\sum_{k=1}^{+\infty}\frac{\lambda^k}{c\cdot k!}=1$. 又

$$\sum_{k=1}^{+\infty}\frac{\lambda^k}{c\cdot k!}=\frac{1}{c}\sum_{k=1}^{+\infty}\frac{\lambda^k}{k!}=\frac{1}{c}\left(\sum_{k=0}^{+\infty}\frac{\lambda^k}{k!}-1\right)=\frac{1}{c}(e^\lambda-1)=1,$$

所以

$$c = e^\lambda - 1.$$

【例 2.4】 从常州大学到武进汽车站途中有 6 个交通岗,假设在各个交通岗遇到红灯的事件是相互独立的,并且概率都是 $\frac{1}{3}$.

(1) 设 X 为途中遇到的红灯的次数,求 X 的分布列;

(2) 求从常州大学到武进汽车站途中至少遇到一次红灯的概率.

【分析】 本题是考查利用伯努利概型求解离散型随机变量中的相关概率问题.

【解】(1) 由题意可知 X 服从二项分布 $B\left(6, \frac{1}{3}\right)$. 于是其分布列为

$$P\{X=k\} = C_6^k \left(\frac{1}{3}\right)^k \left(\frac{2}{3}\right)^{6-k}, k = 0, 1, 2, \cdots, 6.$$

(2) 由题意知所求概率为 $P\{X \geqslant 1\} = 1 - P\{X=0\} = 1 - \frac{64}{729} = \frac{665}{729}$.

【例 2.5】 如果每次试验成功的概率为 0.5,问需要多少次试验,才能使至少成功一次的概率不小于 0.9?

【分析】 本题是考查利用伯努利概型求解离散型随机变量中的相关概率问题.

【解】 假设需要 n 次试验才能保证至少成功一次的概率不小于 0.9,设 X 为 n 次试验中成功的次数,于是 $X \sim B(n, 0.5)$.

"至少成功一次"就是"去除全不成功",亦即

$$P\{X \geqslant 1\} = 1 - P\{X=0\} = 1 - \left(\frac{1}{2}\right)^n \geqslant 0.9,$$

解此不等式有 $n \geqslant \frac{1}{\lg 2} \approx 3.3$. 所以需要试验至少 4 次.

【例 2.6】 设有 80 台同类型设备,各台工作是相互独立的,发生故障的概率都是 0.01,且一台设备的故障能由一个人处理. 考虑两种配备维修工人的方法,其一是由 4 人维护,每人负责 20 台;其二是由 3 人共同维护 80 台. 试比较这两种方法在设备发生故障时不能及时维修的概率的大小.

【分析】 本题是考查利用伯努利概型求解离散型随机变量中的相关概率问题.

【解】 方法一:以 X 记"第 1 人维护的 20 台中同一时刻发生故障的台数",以 $A_i (i=1,2,3,4)$ 表示"第 i 人维护的 20 台中发生故障不能及时维修",则知 80 台中发生故障不能及时维修的概率为

$$P(A_1 \cup A_2 \cup A_3 \cup A_4) \geqslant P(A_1) = P\{X \geqslant 2\},$$

其中 $X \sim B(20, 0.01)$,故有

$$P\{X \geqslant 2\} = 1 - \sum_{k=0}^{1} P\{X=k\} = 1 - \sum_{k=0}^{1} C_{20}^k (0.01)^k (0.99)^{20-k} = 0.0169.$$

$$P(A_1 \cup A_2 \cup A_3 \cup A_4) \geqslant 0.0169.$$

方法二:以 Y 记"80 台中同一时刻发生故障的台数". 此时,$Y \sim B(80, 0.01)$,故 80 台中发生故障而不能及时维修的概率为

$$P\{Y \geqslant 4\} = 1 - \sum_{k=0}^{3} C_{80}^k (0.01)^k (0.99)^{80-k} = 0.0087.$$

结果表明,在后一种情况尽管任务重了(每人平均维护约 27 台),但工作效率不仅没有降低,反而提高了.

【例 2.7】设某床单厂生产的每条床单上含有疵点的个数 X 服从参数为 $\lambda=1.5$ 的泊松分布.质量检查部门规定:床单上无疵点或只有一个疵点的为一等品,有 2 个至 4 个疵点为二等品,有 5 个或 5 个以上疵点的为次品.求该床单厂生产的床单为一等品、二等品和次品的概率.

【解】由 $X \sim P(1.5)$ 及概率的可加性,得

床单为一等品的概率

$$P\{X \leqslant 1\} = P\{X=0\} + P\{X=1\} = \mathrm{e}^{-1.5}\left(\frac{1.5^0}{0!} + \frac{1.5^1}{1!}\right) \approx 0.558.$$

床单为二等品的概率

$$P\{2 \leqslant X \leqslant 4\} = P\{X=2\} + P\{X=3\} + P\{X=4\} = \mathrm{e}^{-1.5}\left(\frac{1.5^2}{2!} + \frac{1.5^3}{3!} + \frac{1.5^4}{4!}\right) \approx 0.424.$$

床单为次品的概率

$$1 - P\{X \leqslant 1\} - P\{2 \leqslant X \leqslant 4\} \approx 1 - 0.558 - 0.424 = 0.018.$$

【例 2.8】设随机变量 X 和 Y 同分布,X 的概率密度为

$$f(x) = \begin{cases} \dfrac{3}{8}x^2, & 0<x<2, \\ 0, & 其他. \end{cases}$$

若已知事件 $A = \{X>a\}$ 和 $B = \{Y>a\}$ 独立,且 $P(A \cup B) = \dfrac{3}{4}$,求常数 a.

【分析】利用事件 A 与 B 的独立性和概率的加法公式,可以计算出 $P(A)$ 或 $P(B)$,然后再与概率 $P\{X>a\}$ 进行比较便可确定常数 a.

【解】由题设知 $P(A)=P(B)$ 且 $P(AB)=P(A)P(B)$,又

$$P(A \cup B) = P(A) + P(B) - P(AB)$$
$$= 2P(A) - [P(A)]^2 = \frac{3}{4},$$

所以 $P(A)=\dfrac{1}{2}$,又根据题设知 $0<a<2$,因此

$$\frac{1}{2} = P(A) = P\{X>a\} = \int_a^{+\infty} f(x)\,\mathrm{d}x = \frac{3}{8}\int_a^2 x^2\,\mathrm{d}x = \frac{1}{8}(8-a^3),$$

于是 $a = \sqrt[3]{4}$.

【例 2.9】已知随机变量 X 的概率密度为

$$f(x) = \begin{cases} ax+b, & 1<x<3, \\ 0, & 其他. \end{cases}$$

其中 a,b 为常数,又知 $P\{2<X<3\} = 2P\{-1<X<2\}$.试求 $P\left\{0 \leqslant X \leqslant \dfrac{3}{2}\right\}$.

【分析】问题的关键是确定密度函数中的常数 a 和 b,而 a 与 b 的确定需要二个条件,其一为题设条件,另一个为 $\int_{-\infty}^{+\infty} f(x)\,\mathrm{d}x = 1$.

【解】由概率密度 $f(x)$ 的性质知

$$1 = \int_{-\infty}^{+\infty} f(x)\mathrm{d}x = \int_1^3 (ax+b)\mathrm{d}x = 4a + 2b,$$

又

$$P\{2 < X < 3\} = \int_2^3 f(x)\mathrm{d}x = \int_2^3 (ax+b)\mathrm{d}x = \frac{5}{2}a + b,$$

$$P\{-1 < X < 2\} = \int_{-1}^2 f(x)\mathrm{d}x = \int_{-1}^1 0\mathrm{d}x + \int_1^2 (ax+b)\mathrm{d}x = \frac{3}{2}a + b,$$

由于 $P\{2 < X < 3\} = 2P\{-1 < X < 2\}$，所以 $\frac{5}{2}a + b = 2\left(\frac{3}{2}a + b\right)$，即 $a + 2b = 0$，故得

$$\begin{cases} 4a + 2b = 1, \\ a + 2b = 0. \end{cases}$$

解之得

$$a = \frac{1}{3}, b = -\frac{1}{6}.$$

从而

$$P\left\{0 \leqslant X \leqslant \frac{3}{2}\right\} = \int_0^{\frac{3}{2}} f(x)\mathrm{d}x = \int_1^{\frac{3}{2}} \left(\frac{1}{3}x - \frac{1}{6}\right)\mathrm{d}x = \frac{1}{8}.$$

【例 2.10】 设随机变量 X 的密度函数为

$$f(x) = \begin{cases} \dfrac{A}{\sqrt{1-x^2}}, & |x| < 1, \\ 0, & |x| \geqslant 1. \end{cases}$$

(1) 求常数 A；

(2) 求 X 落入 $\left(-\dfrac{1}{2}, \dfrac{1}{2}\right)$ 的概率.

【分析】 确定随机变量的概率密度 $f(x)$ 中的参数时，一般要用到性质 $\int_{-\infty}^{+\infty} f(x)\mathrm{d}x = 1$ 来求解.

【解】 (1) 由密度函数性质 $\int_{-\infty}^{+\infty} f(x)\mathrm{d}x = 1$ 知

$$\int_{-1}^1 \frac{A}{\sqrt{1-x^2}}\mathrm{d}x = 2\int_0^1 \frac{A}{\sqrt{1-x^2}}\mathrm{d}x = 2A \cdot \arcsin x \Big|_0^1 = A\pi = 1,$$

故 $A = \dfrac{1}{\pi}$.

(2) $P\left\{-\dfrac{1}{2} < X < \dfrac{1}{2}\right\} = \dfrac{1}{\pi}\int_{-\frac{1}{2}}^{\frac{1}{2}} \dfrac{1}{\sqrt{1-x^2}}\mathrm{d}x = \dfrac{1}{\pi}\arcsin x \Big|_{-\frac{1}{2}}^{\frac{1}{2}} = \dfrac{1}{\pi}\left(\dfrac{\pi}{6} + \dfrac{\pi}{6}\right) = \dfrac{1}{3}.$

【例 2.11】 (2010 年考研题) 设 $f_1(x)$ 为标准正态分布的概率密度函数，$f_2(x)$ 为 $[-1,$ $3]$ 上的均匀分布的概率密度，若 $f(x) = \begin{cases} af_1(x), & x \leqslant 0, \\ bf_2(x), & x > 0, \end{cases}$ $(a > 0, b > 0)$ 为概率密度，则 a, b 应满足 (　　).

(A) $2a + 3b = 4$ 　　　　　　　　　　　(B) $3a + 2b = 4$

(C) $a + b = 1$ 　　　　　　　　　　　　(D) $a + b = 2$

【分析】 本题考查连续型随机变量概率密度的性质.

【解】由已知有

$$f_1(x) = \frac{1}{\sqrt{2\pi}} e^{-\frac{x^2}{2}}, f_2(x) = \begin{cases} \dfrac{1}{4}, & -1 < x < 3, \\ 0, & 其他. \end{cases}$$

由概率密度的性质有

$$1 = \int_{-\infty}^{+\infty} f(x) \mathrm{d}x = \int_{-\infty}^{0} a f_1(x) \mathrm{d}x + \int_{0}^{+\infty} b f_2(x) \mathrm{d}x$$

$$= \frac{a}{2} \int_{-\infty}^{+\infty} f_1(x) \mathrm{d}x + b \int_{0}^{3} \frac{1}{4} \mathrm{d}x = \frac{a}{2} + \frac{3}{4} b,$$

所以 $2a + 3b = 4$,故选(A).

【例 2.12】设随机变量 ξ 在区间 $[1,6]$ 上服从均匀分布,求方程 $x^2 + \xi x + 1 = 0$ 有实根的概率.

【分析】方程 $x^2 + \xi x + 1 = 0$ 有实根当且仅当 $\Delta = \xi^2 - 4 \geqslant 0$,即 $|\xi| \geqslant 2$,故所求问题即为:已知 $\xi \sim U[1,6]$,求 $P\{|\xi| \geqslant 2\}$.

【解】由于 ξ 在 $[1,6]$ 上服从均匀分布,知 ξ 的概率密度为

$$f(x) = \begin{cases} \dfrac{1}{5}, & 1 \leqslant x \leqslant 6, \\ 0, & 其他. \end{cases}$$

方程 $x^2 + \xi x + 1 = 0$ 有实根当且仅当 $\Delta = \xi^2 - 4 \geqslant 0$,即 $|\xi| \geqslant 2$,故

$$P\{|\xi| \geqslant 2\} = P\{\xi \leqslant -2 \text{ 或 } \xi \geqslant 2\} = \int_{-\infty}^{-2} f(x) \mathrm{d}x + \int_{2}^{+\infty} f(x) \mathrm{d}x$$

$$= 0 + \int_{2}^{6} \frac{1}{5} \mathrm{d}x = \frac{4}{5}.$$

【例 2.13】某元件的寿命 X 服从指数分布,已知其参数 $\lambda = \dfrac{1}{1000}$,求 3 个这样的元件使用 1000h,至少已有一个损坏的概率.

【分析】本题考查了指数分布的密度函数、概率计算以及伯努利概型的应用.

【解】X 的密度函数为

$$f(x) = \begin{cases} \dfrac{1}{1000} e^{-\frac{1}{1000}x}, & x > 0, \\ 0, & x \leqslant 0. \end{cases}$$

由此得到

$$P\{X > 1000\} = \int_{1000}^{+\infty} \frac{1}{1000} e^{-\frac{1}{1000}x} \mathrm{d}x = e^{-1}.$$

各元件的寿命是否超过 1000h 是独立的,用 Y 表示三个元件中使用 1000h 损坏的元件数,则 $Y \sim B(3, 1 - e^{-1})$. 所求概率为

$$P\{Y \geqslant 1\} = 1 - P\{Y = 0\} = 1 - C_3^0 (1 - e^{-1})^0 (e^{-1})^3 = 1 - e^{-3}.$$

【技巧】对立事件的概率公式的应用对解题往往会有很大的帮助.

【例 2.14】(2002 年考研题)设随机变量 X 服从正态分布 $N(\mu, \sigma^2)(\sigma > 0)$,且二次方程 $y^2 + 4y + X = 0$ 无实根的概率为 $\dfrac{1}{2}$,则 $\mu = $ _____.

【分析】二次方程无实根的概率即其判别式小于 0 的概率,问题转化为随机变量 X 取值

的概率,而求正态分布随机变量在一定范围内取值的概率,应通过标准化进行计算.

【解】二次方程 $y^2+4y+X=0$ 无实根的充要条件是 $4-X<0$,故由条件知有

$$P\{4-X<0\}=P\{X>4\}=\frac{1}{2}.$$

由 $X\sim N(\mu,\sigma^2)$,知 $P\{X>\mu\}=P\{X<\mu\}=\frac{1}{2}$,因此必有 $\mu=4$.

【例 2.15】(2004 年考研题)设随机变量 X 服从正态分布 $N(0,1)$,对给定的 $\alpha(0<\alpha<1)$,数 u_α 满足 $P\{X>u_\alpha\}=\alpha$. 若 $P\{|X|<x\}=\alpha$,则 x 等于（　　　）.

(A) $u_{\frac{\alpha}{2}}$　　　　(B) $u_{1-\frac{\alpha}{2}}$　　　　(C) $u_{\frac{1-\alpha}{2}}$　　　　(D) $u_{1-\alpha}$

【分析】这是已知随机变量取值的概率,反求随机变量取值范围的问题,此类问题的求解,可通过 u_α 的定义进行分析,也可由标准正态分布密度函数曲线的对称性和几何意义直观地得到结论.

【解】由 $P\{|X|<x\}=\alpha$ 以及标准正态分布密度曲线的对称性可得 $P\{X<-u_\alpha\}=\alpha$,于是

$$\alpha=P\{|X|<x\}=1-P\{|X|\geqslant x\}=1-[P\{X\geqslant x\}+P\{X\leqslant-x\}]=1-2P\{X\geqslant x\},$$

即有 $P\{X\geqslant x\}=\frac{1-\alpha}{2}$,可见根据定义有 $x=u_{\frac{1-\alpha}{2}}$,故选(C).

【例 2.16】从学校到火车站的途中有 3 个交通岗,假设在各个交通岗遇到红灯的事件是相互独立的,并且概率都是 $\frac{2}{5}$. 设 X 为途中遇到红灯的次数,求:

(1) 随机变量 X 的分布函数 $F(x)$;(2) $F\left(\frac{5}{2}\right)$;(3) $P\{X>2\}$;(4) $P\left\{\frac{3}{2}<X\leqslant 7\right\}$.

【分析】本题考查离散型随机变量的分布列的求解问题.

【解】(1) X 服从二项分布 $B\left(3,\frac{2}{5}\right)$,其分布列为

$$P\{X=k\}=C_3^k\left(\frac{2}{5}\right)^k\left(1-\frac{2}{5}\right)^{3-k},k=0,1,2,3.$$

即为

X	0	1	2	3
P	$\frac{27}{125}$	$\frac{54}{125}$	$\frac{36}{125}$	$\frac{8}{125}$

X 的分布函数为 $F(x)=P\{X\leqslant x\}$.

当 $x<0$ 时,$F(x)=P(\varnothing)=0$;

当 $0\leqslant x<1$ 时,$F(x)=P\{X=0\}=\frac{27}{125}$;

当 $1\leqslant x<2$ 时,$F(x)=P\{X=0\}+P\{X=1\}=\frac{27}{125}+\frac{54}{125}=\frac{81}{125}$;

当 $2\leqslant x<3$ 时,$F(x)=P\{X=0\}+P\{X=1\}+P\{X=2\}$

$$=\frac{27}{125}+\frac{54}{125}+\frac{36}{125}=\frac{117}{125};$$

当 $x \geqslant 3$ 时，$F(x) = P\{X=0\} + P\{X=1\} + P\{X=2\} + P\{X=3\} = 1$.

故

$$F(x) = \begin{cases} 0, & x < 0, \\ \dfrac{27}{125}, & 0 \leqslant x < 1, \\ \dfrac{81}{125}, & 1 \leqslant x < 2, \\ \dfrac{117}{125}, & 2 \leqslant x < 3, \\ 1, & x \geqslant 3. \end{cases}$$

(2) 因 $2 \leqslant \dfrac{5}{2} < 3$，故 $F\left(\dfrac{5}{2}\right) = \dfrac{117}{125}$.

(3) $P\{X > 2\} = 1 - P\{X \leqslant 2\} = 1 - F(2) = 1 - \dfrac{117}{125} = \dfrac{8}{125}$.

(4) $P\left\{\dfrac{3}{2} < X \leqslant 7\right\} = F(7) - F\left(\dfrac{3}{2}\right) = 1 - \dfrac{81}{125} = \dfrac{44}{125}$.

【例 2.17】设随机变量 X 的分布函数为

$$F(x) = \begin{cases} 0, & x < -1, \\ 0.4, & -1 \leqslant x < 1, \\ 0.8, & 1 \leqslant x < 3, \\ 1, & x \geqslant 3. \end{cases}$$

求 X 的分布列.

【分析】本题考查利用离散型随机变量的分布函数求分布列问题.

【解】显然 $F(x)$ 的间断点即为 X 的可能取值 $-1, 1, 3$，从而

$$P\{X = -1\} = F(-1) - F(-1^-) = 0.4 - 0 = 0.4,$$
$$P\{X = 1\} = F(1) - F(1^-) = 0.8 - 0.4 = 0.4,$$
$$P\{X = 3\} = F(3) - F(3^-) = 1 - 0.8 = 0.2.$$

即 X 的分布列为

X	-1	1	3
P	0.4	0.4	0.2

【技巧】实际上我们还可以通过作图求分布列，因为 X 在 $F(x)$ 的间断点 x_i 处的概率，恰好为 $F(x)$ 的图形在 x_i 点处跳跃的跃度.

【例 2.18】设随机变量 X 具有密度函数

$$f(x) = \begin{cases} kx, & 0 \leqslant x < 3, \\ 2 - \dfrac{x}{2}, & 3 \leqslant x < 4, \\ 0, & \text{其他}. \end{cases}$$

(1) 确定常数 k；

(2) 求 X 的分布函数 $F(x)$；

（3）求 $P\left\{1<X\leqslant\dfrac{7}{2}\right\}$.

【分析】本题考查连续型随机变量的密度函数性质、分布函数的求法以及利用密度函数或分布函数求概率的问题.

【解】（1）由 $\displaystyle\int_{-\infty}^{+\infty}f(x)\mathrm{d}x=1$，得

$$\int_0^3 kx\,\mathrm{d}x+\int_3^4\left(2-\frac{x}{2}\right)\mathrm{d}x=1,$$

解得 $k=\dfrac{1}{6}$.

（2）X 的密度函数为

$$f(x)=\begin{cases}\dfrac{x}{6}, & 0\leqslant x<3,\\[2mm] 2-\dfrac{x}{2}, & 3\leqslant x<4,\\[2mm] 0, & \text{其他}.\end{cases}$$

当 $x\leqslant 0$ 时，$F(x)=\displaystyle\int_{-\infty}^x 0\,\mathrm{d}t=0$；

当 $0<x\leqslant 3$ 时，$F(x)=\displaystyle\int_{-\infty}^0 0\,\mathrm{d}t+\int_0^x\frac{t}{6}\mathrm{d}t=\frac{x^2}{12}$；

当 $3<x\leqslant 4$ 时，$F(x)=\displaystyle\int_{-\infty}^0 0\,\mathrm{d}t+\int_0^3\frac{t}{6}\mathrm{d}t+\int_3^x\left(2-\frac{t}{2}\right)\mathrm{d}t=-\frac{x^2}{4}+2x-3$；

当 $x>4$ 时，$F(x)=1$.

所以有

$$F(x)=\begin{cases}0, & x<0,\\[2mm] \dfrac{x^2}{12}, & 0\leqslant x<3,\\[2mm] -\dfrac{x^2}{4}+2x-3, & 3\leqslant x<4,\\[2mm] 1, & x\geqslant 4.\end{cases}$$

（3）$P\left\{1<X\leqslant\dfrac{7}{2}\right\}=\displaystyle\int_1^{\frac{7}{2}}f(x)\mathrm{d}x=\int_1^3\frac{x}{6}\mathrm{d}x+\int_3^{\frac{7}{2}}\left(2-\frac{x}{2}\right)\mathrm{d}x=\frac{41}{48}$，

或 $P\left\{1<X\leqslant\dfrac{7}{2}\right\}=F\left(\dfrac{7}{2}\right)-F(1)=\dfrac{41}{48}$.

【例 2.19】设连续型随机变量 X 的分布函数为

$$F(x)=\begin{cases}A\mathrm{e}^x, & x<0,\\ B, & 0\leqslant x<1,\\ 1-A\mathrm{e}^{-(x-1)}, & x\geqslant 1.\end{cases}$$

求：（1）常数 A,B 的值；（2）X 的概率密度；（3）$P\left\{X>\dfrac{1}{3}\right\}$.

【分析】我们可以通过分布函数 $F(x)$ 的性质确定 A,B 的值，然后就可以利用分布函数与概率密度的关系来确定 X 的密度函数.第三个问题可化为简单的积分计算或利用分布函数来计算.

【解】（1）由于 X 是连续型随机变量，所以对应的分布函数 $F(x)$ 为连续函数，因此由 $F(x)$ 在 $x=0, x=1$ 两点的连续性，有

$$\lim_{x \to 0^-} F(x) = \lim_{x \to 0^-} Ae^x = A,$$

$$\lim_{x \to 0^+} F(x) = \lim_{x \to 0^+} B = B,$$

$$\lim_{x \to 1^-} F(x) = \lim_{x \to 1^-} B = B,$$

$$\lim_{x \to 1^+} F(x) = \lim_{x \to 1^+} (1 - Ae^{-(x-1)}) = 1 - A,$$

解得 $A = B = \dfrac{1}{2}$，于是

$$F(x) = \begin{cases} \dfrac{1}{2}e^x, & x < 0, \\[2mm] \dfrac{1}{2}, & 0 \leqslant x < 1, \\[2mm] 1 - \dfrac{1}{2}e^{-(x-1)}, & x \geqslant 1. \end{cases}$$

（2）X 的概率密度为

$$f(x) = F'(x) = \begin{cases} \dfrac{1}{2}e^x, & x < 0, \\[2mm] 0, & 0 \leqslant x < 1, \\[2mm] \dfrac{1}{2}e^{-(x-1)}, & x \geqslant 1. \end{cases}$$

（3）

$$P\left\{X > \dfrac{1}{3}\right\} = 1 - P\left\{X \leqslant \dfrac{1}{3}\right\} = 1 - F\left(\dfrac{1}{3}\right) = 1 - \dfrac{1}{2} = \dfrac{1}{2},$$

或

$$P\left\{X > \dfrac{1}{3}\right\} = \int_{\frac{1}{3}}^{+\infty} f(x)\,dx = \int_{\frac{1}{3}}^{1} 0\,dx + \int_{1}^{+\infty} \dfrac{1}{2}e^{-(x-1)}\,dx = \dfrac{1}{2}.$$

【技巧】确定连续型随机变量的分布函数中的未知参数，通常要用到 $F(x)$ 的连续性和 $F(+\infty)=1, F(-\infty)=0$ 这两个性质.

【例 2.20】（2010 年考研题）设随机变量 X 的分布函数为

$$F(x) = \begin{cases} 0, & x < 0, \\[2mm] \dfrac{1}{2}, & 0 \leqslant x < 1, \\[2mm] 1 - e^{-x}, & x \geqslant 1. \end{cases}$$

则 $P\{X=1\} = (\qquad)$.

（A）0 　　　　（B）$\dfrac{1}{2}$ 　　　　（C）$\dfrac{1}{2} - e^{-1}$ 　　　　（D）$1 - e^{-1}$.

【分析】本题考查如何利用分布函数计算随机变量取值的概率.

【解】根据分布函数性质，有

$$P\{X=1\} = P\{X \leqslant 1\} - P\{X < 1\} = F(1) - F(1^-) = 1 - e^{-1} - \dfrac{1}{2} = \dfrac{1}{2} - e^{-1},$$

故选(C).

【例 2.21】(1991 年考研题)在电源电压不超过 200V、200～240V 和超过 240V 三种情形下,某种电子元件损坏的概率分别为 0.1,0.001 和 0.2,假设电源电压服从正态分布 $N(220,25^2)$(单位:V),试求:

(1) 该电子元件损坏的概率 α;

(2) 该电子元件损坏时,电源电压在 200～240V 的概率 β.

【分析】该问题实际上是一个全概率公式的应用问题,其中包含了正态分布的概率计算.

【解】假设 $A_1=\{$电压不超过 200V$\}$;$A_2=\{$电压在 200～240V$\}$;$A_3=\{$电压超过 240V$\}$;$B=\{$电子元件损坏$\}$.

由题设条件 $X\sim N(220,25^2)$,因此

$$P(A_1)=P\{X\leqslant 200\}=P\left\{\frac{X-220}{25}\leqslant\frac{200-220}{25}\right\}$$
$$=\Phi(-0.8)=1-\Phi(0.8)=1-0.788=0.212;$$
$$P(A_2)=P\{200<X\leqslant 240\}=\Phi\left(\frac{240-220}{25}\right)-\Phi\left(\frac{200-220}{25}\right)$$
$$=\Phi(0.8)-\Phi(-0.8)=0.576;$$
$$P(A_3)=P\{X>240\}=1-P\{X\leqslant 240\}=1-\Phi(0.8)=0.212.$$

(1) 由题设条件知

$$P(B|A_1)=0.1,P(B|A_2)=0.001,P(B|A_3)=0.2.$$

由全概率公式

$$\alpha=P(B)=\sum_{i=1}^{3}P(A_i)P(B|A_i)$$
$$=0.212\times 0.1+0.576\times 0.001+0.212\times 0.2=0.0642.$$

(2) 由条件概率公式(或贝叶斯公式)知

$$\beta=P(A_2|B)=\frac{P(A_2)P(B|A_2)}{P(B)}=\frac{0.576\times 0.001}{0.0642}\approx 0.009.$$

【技巧】利用全概率公式解决问题的关键是一定要找全"原因"及"结果".

【例 2.22】设 $X\sim N(108,3^2)$,求:

(1) a,使 $P\{X\leqslant a\}=0.9$;

(2) b,使 $P\{|X-b|>b\}=0.1$.

【分析】非标准正态分布的概率计算关键在于将其化为标准正态分布的计算.

【解】(1) $P\left\{\frac{X-108}{3}\leqslant\frac{a-108}{3}\right\}=\Phi\left(\frac{a-108}{3}\right)=0.9.$

又 $\Phi(1.282)=0.9$,得到 $\frac{a-108}{3}=1.282$,所以 $a=111.846$.

(2) 由于 $P\{0\leqslant X\leqslant 2b\}=P\{|X-b|\leqslant b\}=1-P\{|X-b|>b\}=1-0.1=0.9$,而

$$P\{0\leqslant X\leqslant 2b\}=P\left\{\frac{0-108}{3}\leqslant\frac{X-108}{3}\leqslant\frac{2b-108}{3}\right\}=\Phi\left(\frac{2b-108}{3}\right)-\Phi\left(\frac{0-108}{3}\right)=0.9.$$

所以 $\Phi\left(\frac{2b-108}{3}\right)=\Phi(-36)+0.9\approx 0.9$. 又 $\Phi(1.282)=0.9$,得到 $\frac{2b-108}{3}=1.282$,所以

$b=55.923$.

【例 2.23】某单位招聘 2500 人,按考试成绩从高分到低分依次录用,共有 10000 人报名,假设报名者的成绩 $X \sim N(\mu, \sigma^2)$,已知 90 分以上有 359 人,60 分以下有 1151 人,问被录用者中最低分为多少?

【分析】先由已知条件"90 分以上有 359 人,60 分以下有 1151 人"确定参数 μ, σ 的取值,再由录取率 $\dfrac{2500}{10000}$ 确定最低分.

【解】根据题意:
$$P\{X > 90\} = \frac{359}{10000} = 0.0359,$$

故
$$P\{X \leqslant 90\} = 1 - P\{X > 90\} = 0.9641,$$

而
$$P\{X \leqslant 90\} = P\left\{\frac{X-\mu}{\sigma} \leqslant \frac{90-\mu}{\sigma}\right\} = \Phi\left(\frac{90-\mu}{\sigma}\right) = 0.9641,$$

反查标准正态分布表得

$$\frac{90-\mu}{\sigma} = 1.8. \tag{1}$$

同样
$$P\{X < 60\} = \frac{1151}{10000} = 0.1151,$$

而
$$P\{X < 60\} = P\{X \leqslant 60\} = P\left\{\frac{X-\mu}{\sigma} \leqslant \frac{60-\mu}{\sigma}\right\} = \Phi\left(\frac{60-\mu}{\sigma}\right) = 0.1151,$$

通过反查标准正态分布表得

$$\frac{60-\mu}{\sigma} = -1.2. \tag{2}$$

由(1)、(2)两式解得 $\mu = 72, \sigma = 10$,所以 $X \sim N(72, 10^2)$.

已知录用率为 $\dfrac{2500}{10000} = 0.25$,设被录用者中最低分为 x_0,则

$$P\{X < x_0\} = 1 - P\{X \geqslant x_0\} = 0.75,$$

而
$$P\{X < x_0\} = P\left\{\frac{X-72}{10} < \frac{x_0-72}{10}\right\} = \Phi\left(\frac{x_0-72}{10}\right) = 0.75,$$

反查标准正态分布表得 $\dfrac{x_0-72}{10} \approx 0.675$,解得 $x_0 \approx 78.75$,故被录用者中最低分为 79 分.

【例 2.24】假设一部机器在一天内发生故障的概率为 0.2,机器发生故障时全体停止工作.若一周 5 个工作日均无故障发生,可获利润 10 万元;发生一次故障仍可获利润 5 万元;发生二次故障可获利润 0 万元;发生三次或三次以上故障就要亏损 2 万元.求一周内利润的分布律.

【分析】本题意在考查随机变量的函数的分布.一周内利润的分布显然是与这一周 5 天内机器发生故障的天数有联系,所以先要求出后者的分布,再求利润的分布.

【解】设 X 表示一周内机器发生故障的天数,则 $X \sim B(5, 0.2)$.故

$$P\{X=0\} = 0.8^5 = 0.328;$$
$$P\{X=1\} = C_5^1 \times 0.2 \times 0.8^4 = 0.410;$$
$$P\{X=2\} = C_5^2 \times 0.2^2 \times 0.8^3 = 0.205;$$
$$P\{X \geqslant 3\} = 1 - P(X=0) - P(X=1) - P(X=2) = 0.057.$$

若 Y 表示一周内所获利润,则根据题设有

$$Y=g(X)=\begin{cases} 10, & X=0, \\ 5, & X=1, \\ 0, & X=2, \\ -2, & X\geqslant 3. \end{cases}$$

所以 Y 的分布列为

Y	-2	0	5	10
P	0.057	0.205	0.410	0.328

【例 2.25】 设随机变量 X 的分布列为

X	-1	0	1	2
P	0.2	0.3	0.1	0.4

求:(1) $Y=X-1$ 的分布列;(2) $Y=(X-1)^2$ 的分布列.

【解】 (1) X 取 $-1,0,1,2$ 分别对应于 $Y=X-1$ 取 $-2,-1,0,1.$ Y 的取值中没有相等的,故 $Y=X-1$ 的分布列为

Y	-2	-1	0	1
P	0.2	0.3	0.1	0.4

(2) X 取 $-1,0,1,2$ 分别对应于 $Y=(X-1)^2$ 取 $4,1,0,1.$ Y 的取值有相同的,如 $X=0$ 或 $X=2$,都对应于 $Y=1.$ 故

$$P\{Y=1\}=P\{X=0 \text{ 或 } X=2\}=P\{X=0\}+P\{X=2\}=0.7.$$
$$P\{Y=0\}=P\{X=1\}=0.1, \quad P\{Y=4\}=P\{X=-1\}=0.2.$$

故 $Y=(X-1)^2$ 的分布列为

Y	0	1	4
P	0.1	0.7	0.2

【例 2.26】 设随机变量 X 的密度函数为

$$f_X(x)=\begin{cases} 2x^3 \mathrm{e}^{-x^2}, & x\geqslant 0, \\ 0, & x<0. \end{cases}$$

求:(1) $Y=2X+3$;(2) $Y=X^2$;(3) $Y=\ln X$ 的密度函数 $f_Y(y).$

【解】 设 X,Y 的分布函数为 $F_X(x),F_Y(y).$

(1) $F_Y(y)=P\{Y\leqslant y\}=P\{2X+3\leqslant y\}=P\left\{X\leqslant\dfrac{y-3}{2}\right\}=F_X\left(\dfrac{y-3}{2}\right).$

将上式两边对 y 求导,得 $Y=2X+3$ 的密度函数为

$$f_Y(y)=F_X'\left(\dfrac{y-3}{2}\right)=f_X\left(\dfrac{y-3}{2}\right)\cdot\left(\dfrac{y-3}{2}\right)'=\dfrac{1}{2}f_X\left(\dfrac{y-3}{2}\right)$$

$$= \begin{cases} \dfrac{(y-3)^3}{8} \mathrm{e}^{-(\frac{y-3}{2})^2}, & y \geqslant 3, \\ 0, & y < 3. \end{cases}$$

（2）$F_Y(y) = P\{Y \leqslant y\} = P\{X^2 \leqslant y\}$.

当 $y \leqslant 0$ 时，因为 $F_Y(y) = P\{X^2 \leqslant y\} \leqslant P\{X^2 \leqslant 0\} = P\{X=0\} = 0$，所以 $f_Y(y) = 0$.

当 $y > 0$ 时，$F_Y(y) = P\{X^2 \leqslant y\} = P\{-\sqrt{y} \leqslant X \leqslant \sqrt{y}\} = F_X(\sqrt{y}) - F_X(-\sqrt{y})$.

将上式两边对 y 求导，得

$$f_Y(y) = \frac{1}{2\sqrt{y}} (f_X(\sqrt{y}) + f_X(-\sqrt{y}))$$

$$= \frac{1}{2\sqrt{y}} f_X(\sqrt{y}) = y\mathrm{e}^{-y}.$$

综上，$Y = X^2$ 的密度函数为

$$f_Y(y) = \begin{cases} y\mathrm{e}^{-y}, & y > 0, \\ 0, & y \leqslant 0. \end{cases}$$

（3）$F_Y(y) = P\{Y \leqslant y\} = P\{\ln X \leqslant y\} = P\{X \leqslant \mathrm{e}^y\} = F_X(\mathrm{e}^y)$.

将上式两边对 y 求导，得 $Y = \ln X$ 的密度函数为

$$f_Y(y) = \mathrm{e}^y f_X(\mathrm{e}^y) = \mathrm{e}^y \cdot 2\mathrm{e}^{3y} \mathrm{e}^{-\mathrm{e}^{2y}} = 2\mathrm{e}^{4y-\mathrm{e}^{2y}} \ (-\infty < y < +\infty).$$

【例 2.27】设随机变量 X 在 $[0,1]$ 上服从均匀分布，求：

（1）$Y = \mathrm{e}^X$ 的密度函数 $f_Y(y)$；

（2）$Y = -2\ln X$ 的密度函数 $f_Y(y)$；

（3）$Y = \mathrm{e}^X$ 的分布函数.

【解】设 X, Y 的分布函数为 $F_X(x), F_Y(y)$. 由题设知，X 的密度函数为

$$f_X(x) = \begin{cases} 1, & 0 \leqslant x \leqslant 1, \\ 0, & \text{其他}. \end{cases}$$

（1）$F_Y(y) = P\{Y \leqslant y\} = P\{\mathrm{e}^X \leqslant y\}$.

当 $y \leqslant 0$ 时，因为 $F_Y(y) = P\{\mathrm{e}^X \leqslant y\} \leqslant P\{\mathrm{e}^X \leqslant 0\} = P\{\varnothing\} = 0$，所以 $f_Y(y) = 0$.

当 $y > 0$ 时，$F_Y(y) = P\{\mathrm{e}^X \leqslant y\} = P\{X \leqslant \ln y\} = F_X(\ln y)$.

将上式两边对 y 求导，得

$$f_Y(y) = \frac{1}{y} f_X(\ln y) = \begin{cases} \dfrac{1}{y}, & 1 \leqslant y \leqslant \mathrm{e}, \\ 0, & y > \mathrm{e}. \end{cases}$$

因此 $Y = \mathrm{e}^X$ 的密度函数为 $f_Y(y) = \begin{cases} \dfrac{1}{y}, & 1 \leqslant y \leqslant e, \\ 0, & \text{其他}. \end{cases}$

（2）由 $Y = -2\ln X$ 知，Y 的取值必为非负.

当 $y \leqslant 0$ 时，因为 $F_Y(y) = P\{Y \leqslant y\} = 0$，所以 $f_Y(y) = 0$.

当 $y > 0$ 时，$F_Y(y) = P\{-2\ln X \leqslant y\} = P\{X \geqslant \mathrm{e}^{-\frac{y}{2}}\} = 1 - P\{X < \mathrm{e}^{-\frac{y}{2}}\} = 1 - F_X(\mathrm{e}^{-\frac{y}{2}})$.

将上式两边对 y 求导，得

$$f_Y(y) = \frac{1}{2} \mathrm{e}^{-\frac{y}{2}} f_X(\mathrm{e}^{-\frac{y}{2}}) = \frac{1}{2} \mathrm{e}^{-\frac{y}{2}}.$$

故 $Y=-2\ln X$ 的密度函数为

$$f_Y(y)=\begin{cases}\dfrac{1}{2}e^{-\frac{y}{2}}, & y>0, \\ 0, & y\leqslant 0.\end{cases}$$

(3) 当 $y\leqslant 0$ 时，$F_Y(y)=P\{Y\leqslant y\}=P\{e^X\leqslant y\}=0$.

当 $y>0$ 时，$F_Y(y)=P\{e^X\leqslant y\}=P\{X\leqslant\ln y\}=F_X(\ln y)$.

当 $0<y<1$ 时，$F_Y(y)=0$.

当 $1\leqslant y\leqslant e$ 时，$F_Y(y)=\displaystyle\int_{-\infty}^{\ln y}f_X(x)dx=\int_{-\infty}^0 0dx+\int_0^{\ln y}1dx=\ln y$.

当 $y>e$ 时，$F_Y(y)=1$.

故分布函数为

$$F_Y(y)=\begin{cases}0, & y<1, \\ \ln y, & 1\leqslant y\leqslant e, \\ 1, & y>e.\end{cases}$$

第三章

多维随机变量

一、基本要求

（1）理解二维随机变量的分布函数的基本概念和性质；离散型随机变量联合概率分布、边缘分布和条件分布；连续型随机变量联合概率密度、边缘密度和条件密度；会利用二维概率分布求有关事件的概率.

（2）理解随机变量的独立性及不相关性的概念及其联系和区别，掌握随机变量独立的条件.

（3）掌握二维均匀分布；了解二维正态分布的概率密度，理解其中参数的概率意义.

（4）掌握根据两个随机自变量的联合分布，求其较简单函数的分布的基本方法；会根据两个或多个独立随机变量的分布求其较简单函数的分布.

二、内容提要

（一）离散型随机变量的联合概率分布

主要讨论两个离散型随机变量的联合分布，多个随机变量的情形完全类似.

1. 联合概率分布

设离散型随机变量 X 和 Y 的一切可能取值的集合为 $\{x_i\}$ 和 $\{y_j\}$，则 X 和 Y 的联合概率分布表示为

$$P\{X=x_i, Y=y_j\} = p_{ij};$$

有时以列表的形式表示：

p_{ij} ＼ Y ＼ X	y_1 y_2 $\cdots$ y_t $\cdots$	$p_{i\cdot} = \sum_j p_{ij}$
x_1	p_{11} p_{12} $\cdots$ p_{1t} $\cdots$	$p_1\cdot$
x_2	p_{21} p_{22} $\cdots$ p_{2t} $\cdots$	$p_2\cdot$
$\vdots$	$\vdots$ $\vdots$ $\vdots$ $\vdots$	$\vdots$
x_s	p_{s1} p_{s2} $\cdots$ p_{st} $\cdots$	$p_s\cdot$
$\vdots$	$\vdots$ $\vdots$ $\vdots$ $\vdots$	$\vdots$
$p_{\cdot j} = \sum_i p_{ij}$	$p_{\cdot1}$ $p_{\cdot2}$ $\cdots$ $p_{\cdot t}$ $\cdots$	1

其中，$p_{ij} \geqslant 0$，$\sum_i \sum_j p_{ij} = 1$.

2. 边缘概率分布

随机变量 X 或 Y 的概率分布称作其联合分布的边缘分布：

$$P\{X = x_i\} = \sum_j P\{X = x_i, Y = y_j\} = \sum_j p_{ij} = p_{i\cdot},$$

$$P\{Y = y_j\} = \sum_i P\{X = x_i, Y = y_j\} = \sum_i p_{ij} = p_{\cdot j}.$$

表 3.1 的左右两列恰好是其中一个随机变量的概率分布，上下两行恰好是另一个随机变量的概率分布.

3. 条件分布

随机变量 Y 在 $\{X = x_k\}$ 条件下的条件概率分布为

$$P\{Y = y_j \mid X = x_k\} = \frac{P\{X = x_k, Y = y_j\}}{P\{X = x_k\}} = \frac{p_{kj}}{p_k\cdot} = \frac{p_{kj}}{\sum_i p_{ki}} \quad (j = 1, 2, \cdots),$$

亦称"Y 关于 $\{X = x_k\}$ 的条件分布". 对于给定的 x_k，只要 $P\{X = x_k\} \neq 0$，条件分布就有定义，并且具有（无条件）概率分布的一切性质.

（二）连续型随机变量的联合分布

连续型随机变量的联合概率分布由联合密度表示.

1. 联合密度

对于二个连续型随机变量 X 和 Y，(X, Y) 可视为平面上的点. 对于平面上的任意区域 G，如果点 (X, Y) 属于 G 的概率可以通过一个非负函数 $f(x, y)$ 的积分表示为

$$P\{(x, y) \in G\} = \iint_G f(x, y) \mathrm{d}x \mathrm{d}y,$$

则称函数 $f(x, y)$ 为 (X, Y) 的概率密度或 X 和 Y 的联合（概率）密度. 特别地，对于矩形区域 $G = \{(x, y) : a < x < b, c < y < d\}$，有

$$P\{a < X < b, c < Y < d\} = \int_a^b \int_c^d f(x, y) \mathrm{d}x \mathrm{d}y.$$

联合概率密度具有如下性质：

$$f(x, y) \geqslant 0, \int_{-\infty}^{+\infty} \int_{-\infty}^{+\infty} f(x, y) \mathrm{d}x \mathrm{d}y = 1.$$

2. 边缘密度

随机变量 X 和 Y 的概率密度 $f_X(x)$ 和 $f_Y(y)$ 可由其联合密度 $f(x, y)$ 表示为

$$f_X(x) = \int_{-\infty}^{+\infty} f(x,y)\mathrm{d}y, \quad f_Y(y) = \int_{-\infty}^{+\infty} f(x,y)\mathrm{d}x,$$

称作联合密度 $f(x,y)$ 的**边缘密度**.

3. 条件密度

对于任意 x,若 $f_X(x) > 0$,则称

$$f_{Y|X}(y|x) = \frac{f(x,y)}{f_X(x)} \quad (-\infty < y < +\infty)$$

为 Y 关于 $\{X=x\}$ 的条件密度.同样可以定义 X 关于 $\{Y=y\}$ 的条件密度.由上式,得**密度乘法公式**:
$$f(x,y) = f_X(x)f_{Y|X}(y|x) = f_Y(y)f_{X|Y}(x|y).$$

(三) 联合分布函数

1. 定义

(1) 称 n 元函数
$$F(x_1,x_2,\cdots,x_n) = P\{X_1 \leqslant x_1, X_2 \leqslant x_2, \cdots, X_n \leqslant x_n\}$$
为随机向量 $\boldsymbol{X} = (X_1,X_2,\cdots,X_n)$ 的**分布函数**,或随机变量 $X_1,X_2,\cdots,X_n$ 的**联合分布函数**.

(2) 随机变量 $X_1,X_2,\cdots,X_n$ 中每个变量的分布函数以及其中任意个变量的联合分布函数,称为 $F(x_1,x_2,\cdots,x_n)$ 的**边缘分布函数**.

2. 性质

以 X 和 Y 的联合分布函数 $F(x,y)$ 为例[(1)~(4)是基本性质].

(1) $0 \leqslant F(x,y) \leqslant 1$,且对于每一自变量单调不减.

(2) $F(x,y)$ 对于每一自变量右连续.

(3) $F(x,-\infty) = F(-\infty,y) = F(-\infty,-\infty) = 0, F(+\infty,+\infty) = 1$.

(4) 对于任意实数 $a < b, c < d$,有
$$P\{a < X \leqslant b, c < Y \leqslant d\} = F(b,d) - F(b,c) - F(a,d) + F(a,c).$$

(5) 随机变量 X 和 Y 的联合分布函数 $F(x,y)$ 完全决定每个随机变量的分布函数 $F_X(x)$ 和 $F_Y(y)$(反之未必):
$$F_X(x) = \lim_{y \to +\infty} F(x,y) = F(x,+\infty), F_Y(y) = \lim_{x \to +\infty} F(x,y) = F(+\infty,y).$$

(6) 连续型随机向量 (X,Y) 的分布函数 $F(x,y)$ 可由联合密度 $f(x,y)$ 表示为
$$F(x,y) = \int_{-\infty}^{x} \int_{-\infty}^{y} f(u,v)\mathrm{d}u\mathrm{d}v \ (-\infty < x, y < +\infty).$$

并且对于 $f(x,y)$ 的连续点 (x,y),有

$$\frac{\partial^2 F(x,y)}{\partial x \partial y} = f(x,y).$$

注意,联合分布函数完全决定随机变量的联合分布,但是它不便于描绘具体的随机变量,多用于一般性研究,况且很少联合分布函数有简单的数学表达式.实际中遇到的分布有离散型和连续型两大类,分别描绘离散型和连续型随机变量.

(四) 随机变量的独立性

1. 一般概念

(1) 称随机变量 $X_1,X_2,\cdots,X_m$ 为相互独立的,如果其联合分布函数

$$F(x_1, x_2, \cdots, x_m) = F_{X_1}(x_1) F_{X_2}(x_2) \cdots F_{X_m}(x_m),$$

其中 $F_{X_k}(x_k)$ $(k=1,2,\cdots,m)$ 是随机变量 X_k 的分布函数.

（2）称随机向量 $(X_1, \cdots, X_m)$ 与 $(X_{m+1}, \cdots, X_n)$ 为相互独立的，如果

$$F(x_1, \cdots, x_m, x_{m+1}, \cdots, x_n) = F_1(x_1, \cdots, x_m) F_2(x_{m+1}, \cdots, x_n).$$

（3）称随机变量列 $X_1, X_2, \cdots, X_n, \cdots$ 为相互独立的，如果对于任意 $m \geq 2$，变量 $X_1, X_2, \cdots, X_m$ 相互独立.

2. 离散型随机变量的独立性

称离散型随机变量 $X_1, X_2, \cdots, X_m$ 相互独立，若对于其一切可能值 $a, b, \cdots, h$，有

$$P\{X_1 = a, X_2 = b, \cdots, X_m = h\} = P\{X_1 = a\} P\{X_2 = b\} \cdots P\{X_m = h\}.$$

3. 连续型随机变量的独立性

称连续型随机变量 $X_1, X_2, \cdots, X_m$ 相互独立，如果它们的联合密度等于各变量密度的乘积：

$$f(x_1, x_2, \cdots, x_m) = f_{X_1}(x_1) f_{X_2}(x_2) \cdots f_{X_m}(x_m).$$

4. 性质

（1）若 $X_1, X_2, \cdots, X_m$ 相互独立，则其中任意 $k (2 \leq k \leq m)$ 个随机变量也相互独立.

（2）若随机变量 $X_1, X_2, \cdots, X_m$ 相互独立，则它们的函数也相互独立.

（3）若两个随机变量独立，则一个关于另一个的条件分布就是其无条件分布.

三、典型例题

【例 3.1】已知 (X, Y) 的联合分布函数为 $F(x,y) = \begin{cases} x(1-e^{-y})/2, & 0 \leq x \leq 2, y > 0, \\ 1 - e^{-2y}, & x > 2, y > 0, \\ 0, & \text{其他,} \end{cases}$ 求边缘分布函数.

【分析】应用 $F_X(x) = \lim\limits_{y \to +\infty} F(x,y)$，注意对 x 讨论.

【解】当 $0 \leq x \leq 2$ 时，$F_X(x) = \lim\limits_{y \to +\infty} F(x,y) = \lim\limits_{y \to +\infty} x(1-e^{-y})/2 = x/2$，

当 $x > 2$ 时，$F_X(x) = \lim\limits_{y \to +\infty} F(x,y) = \lim\limits_{y \to +\infty} (1-e^{-y}) = 1$，

所以 $F_X(x) = \begin{cases} x/2, & 0 \leq x \leq 2, \\ 1, & x > 2, \\ 0, & x < 0. \end{cases}$

同理 $F_Y(y) = \begin{cases} 1 - e^{-2y}, & y > 0, \\ 0, & y \leq 0. \end{cases}$

【例 3.2】设 (X, Y) 的联合分布列为

Y＼X	x_1	x_2	x_3
y_1	a	1/9	c
y_2	1/9	b	1/3

若 X,Y 相互独立,求 a,b,c.

【分析】根据独立性的定义,注意到 p_{22} 的特殊性,可先求出 b,这样余下的未知数就好求了.

【解】$p_{22}=(b+1/9)(b+4/9)=b\Rightarrow b=2/9$,

$$p_{12}=(a+1/9)(b+4/9)=1/9\Rightarrow a=1/18,\sum\sum p_{ij}=1\Rightarrow c=1/6.$$

【例 3.3】(1999 年考研题)已知随机变量 X_1 和 X_2 的概率分布分别为

X_1	-1	0	1
P	$\dfrac{1}{4}$	$\dfrac{1}{2}$	$\dfrac{1}{4}$

与

X_2	0	1
P	$\dfrac{1}{2}$	$\dfrac{1}{2}$

而且 $P\{X_1 X_2=0\}=1$.

(1) 求 X_1 和 X_2 的联合分布;

(2) 问 X_1 和 X_2 是否独立?为什么?

【分析】$P\{X_1 X_2=0\}=1$ 意思是"X_1 与 X_2 至少有一个必为 0",也就是说 X_1 与 X_2 不能独立取值,故知二者不独立,此式自然也反映了 X_1 与 X_2 的相互依赖关系,自然想到从此式着手解此题了.

【解】(1) 由 $P\{X_1 X_2=0\}=1$,知 $P\{X_1 X_2\neq 0\}=0$,即

$$P\{X_1=-1,X_2=1\}=P\{X_1=1,X_2=1\}=0.$$

于是 X_1 和 X_2 的联合分布有如下结构:

X_1 \ X_2	0	1	P_{X_1}
-1	p_{11}	0	$\dfrac{1}{4}$
0	p_{21}	p_{22}	$\dfrac{1}{2}$
1	p_{31}	0	$\dfrac{1}{4}$
P_{X_2}	$\dfrac{1}{2}$	$\dfrac{1}{2}$	1

从而利用边缘分布律与联合分布律的关系知

$$P\{X_1=-1\}=P\{X_1=-1,X_2=0\}+P\{X_1=-1,X_2=1\},$$

即 $p_{11}+0=\dfrac{1}{4}$,从而得 $p_{11}=\dfrac{1}{4}$.

同理可知 $p_{31}=\dfrac{1}{4},p_{22}=\dfrac{1}{2},p_{21}=0$. 故 X_1 和 X_2 的联合分布律为

X_1 \ X_2	0	1	P_{X_1}
-1	$\dfrac{1}{4}$	0	$\dfrac{1}{4}$
0	0	$\dfrac{1}{2}$	$\dfrac{1}{2}$
1	$\dfrac{1}{4}$	0	$\dfrac{1}{4}$
P_{X_2}	$\dfrac{1}{2}$	$\dfrac{1}{2}$	1

（2）由以上结果知

$$P\{X_1=0, X_2=0\}=0,$$

而　$P\{X_1=0\}P\{X_2=0\}=\dfrac{1}{2}\times\dfrac{1}{2}=\dfrac{1}{4}\neq 0.$

可见，X_1 与 X_2 不独立.

【例 3.4】 设随机变量 X_1, X_2, X_3 相互独立，且有相同的概率分布：

$$P\{X_i=1\}=p, P\{X_i=0\}=q, i=1,2,3, p+q=1.$$

记 $Y_1=\begin{cases}0, & \text{当 } X_1+X_2 \text{ 为偶数,}\\ 1, & \text{当 } X_1+X_2 \text{ 为奇数,}\end{cases}$ $Y_2=\begin{cases}0, & \text{当 } X_1+X_3 \text{ 为偶数,}\\ 1, & \text{当 } X_1+X_3 \text{ 为奇数.}\end{cases}$ 求 $Z=Y_1Y_2$ 的概率分布.

【分析】 注意 Z 的值是**离散的且只取有限个值**，根据 X、Y、Z 的定义转化为 X 的情形可最终求出分布律. 类似的方法还体现在下面的例题中.

【解】 根据定义和独立性知：

$$\begin{aligned}P\{Z=1\}&=P\{Y_1Y_2=1\}=P\{X_1+X_2 \text{ 为奇数}, X_1+X_3 \text{ 为奇数}\}\\ &=P\{X_1=0\}P\{X_2=1\}P\{X_3=1\}+P\{X_1=1\}P\{X_2=0\}P\{X_3=0\}=pq.\end{aligned}$$

同理可得：$P\{Z=0\}=1-pq$，而 Z 只能取 0 和 1，因而分布律已求出.

【例 3.5】 （2002 年考研题）设 U 在 $[-2,2]$ 上服从均匀分布，随机变量

$$X=\begin{cases}-1, & \text{若 } U\leqslant -1,\\ 1, & \text{若 } U>-1,\end{cases}\qquad Y=\begin{cases}-1, & \text{若 } U\leqslant 1,\\ 1, & \text{若 } U>1.\end{cases}$$

（1）试求 X 和 Y 的联合概率分布；

（2）问 X 与 Y 是否独立？

【分析】 从 X, Y 只有 2 种可能取值，因而从搭配只有 4 种可能入手.

【解】 $P\{X=-1, Y=-1\}=P\{U\leqslant -1, U\leqslant 1\}=P\{U\leqslant -1\}=1/4.$

同理可求得：$P\{X=-1, Y=1\}=0, P\{X=1, Y=-1\}=1/2, P\{X=1, Y=1\}=1/4.$

易得 X 和 Y 的边缘分布律为

X	-1	1
P	1/4	3/4

Y	-1	1
P	3/4	1/4

由于 $P\{X=-1, Y=1\}\neq P\{X=-1\}P\{Y=1\}$，故 X 和 Y 不独立.

【例 3.6】 （1994 年考研题）设 $\xi_1, \xi_2, \xi_3, \xi_4$ 独立同分布，且

$$P\{\xi_i=0\}=0.6, P\{\xi_i=1\}=0.4, i=1,2,3,4.$$

求行列式 $\xi=\begin{vmatrix}\xi_1 & \xi_2\\ \xi_3 & \xi_4\end{vmatrix}$ 的概率分布.

【分析】 注意到 $\xi_i\xi_j$ 只能取 0 或 1，ξ 只能取 -1 或 0 或 1，分别讨论即可.

【解】 记 $\eta_1=\xi_1\xi_4, \eta_2=\xi_2\xi_3$，则 $\xi=\xi_1\xi_4-\xi_2\xi_3=\eta_1-\eta_2$. 由于 $\xi_1, \xi_2, \xi_3, \xi_4$ 相互独立，故 η_1, η_2 也相互独立，且 η_1, η_2 都只能取 0,1 两个值，而

$$\begin{aligned}P\{\eta_1=1\}&=P\{\eta_2=1\}=P\{\xi_2=1, \xi_3=1\}\\ &=P\{\xi_2=1\}P\{\xi_3=1\}=0.16,\end{aligned}$$

$$P\{\eta_1=0\}=P\{\eta_2=0\}=1-0.16=0.84.$$

随机变量 $\xi=\eta_1-\eta_2$ 有 3 个可能取值 $-1,0,1$，易见

$$P\{\xi=-1\}=P\{\eta_1=0,\eta_2=1\}=P\{\eta_1=0\}P\{\eta_2=1\}=0.84\times0.16=0.1344,$$

$$P\{\xi=1\}=P\{\eta_1=1,\eta_2=0\}=P\{\eta_1=1\}P\{\eta_2=0\}=0.16\times0.84=0.1344,$$

$$P\{\xi=0\}=1-P\{\xi=-1\}-P\{\xi=1\}=0.7312.$$

于是行列式 ξ 的概率分布为

ξ	-1	0	1
P	0.1344	0.7312	0.1344

【例 3.7】(1992 年考研题)设二维随机变量 (X,Y) 的概率密度为

$$f(x,y)=\begin{cases}Ae^{-Ay}, & 0<x<y,\\ 0, & \text{其他}.\end{cases}$$

(1) 确定常数 A；

(2) 求随机变量 X 的密度 $f_X(x)$；

(3) 求概率 $P\{X+Y\leqslant1\}$.

【分析】对于二维连续型求边缘分布，计算 $f_X(x)=\int_{-\infty}^{\infty}f(x,y)\mathrm{d}y$ 时要注意对 x 进行讨论，方法是把 $f(x,y)$ 非零时的自变量区域向 x 轴投影即得所求讨论区间. 同理可求出 $f_Y(y)$. 求满足一定条件(不论这个条件为等式还是不等式)的概率时，只须将 $f(x,y)$ 在此条件下求积分即可，如：

$$P\{g(X,Y)\leqslant z_0\}=\iint_{g(x,y)\leqslant z_0}f(x,y)\mathrm{d}x\mathrm{d}y,\quad P\{Y\geqslant X^2\}=\iint_{y\geqslant x^2}f(x,y)\mathrm{d}x\mathrm{d}y.$$

【解】(1) 记 D 为 $f(x,y)$ 的非零区域，即

$$D=\{(x,y):0<x<y\}$$

其图形如图 3.1 所示.

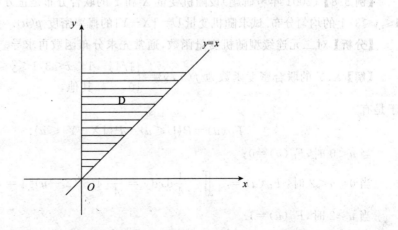

图 3.1

由联合密度的性质得

$$\int_{-\infty}^{+\infty}\int_{-\infty}^{+\infty} f(x,y)\mathrm{d}x\mathrm{d}y = 1,$$

从而有

$$1 = \int_{-\infty}^{+\infty}\int_{-\infty}^{+\infty} f(x,y)\mathrm{d}x\mathrm{d}y = \iint_D A\,\mathrm{e}^{-Ay}\mathrm{d}x\mathrm{d}y = \int_0^{+\infty}\mathrm{d}x\int_x^{+\infty} A\,\mathrm{e}^{-Ay}\mathrm{d}y = \frac{1}{A}.$$

因此, $A=1$.

(2) X 的边缘密度为

$$f_X(x) = \int_{-\infty}^{+\infty} f(x,y)\mathrm{d}y = \begin{cases}\int_x^{+\infty}\mathrm{e}^{-y}\mathrm{d}y, & x>0 \\ 0, & x\leqslant 0\end{cases} = \begin{cases}\mathrm{e}^{-x}, & x>0, \\ 0, & x\leqslant 0.\end{cases}$$

(3) 设 $G=\{(x,y):x+y\leqslant 1\}$, 则 $D\bigcap G$ 如图 3.2 所示. 故

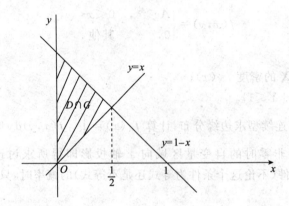

图 3.2

$$P\{X+Y\leqslant 1\} = \iint_G f(x,y)\mathrm{d}x\mathrm{d}y = \iint_{D\cap G}\mathrm{e}^{-y}\mathrm{d}x\mathrm{d}y = \int_0^{\frac{1}{2}}\mathrm{d}x\int_x^{1-x}\mathrm{e}^{-y}\mathrm{d}y$$

$$= 1 + \mathrm{e}^{-1} - 2\mathrm{e}^{-\frac{1}{2}}.$$

【例 3.8】(2001 年考研题)设随机变量 X 和 Y 的联合分布是正方形 $G=\{(x,y:1\leqslant x\leqslant 3, 1\leqslant y\leqslant 3\}$ 上的均匀分布. 试求随机变量 $U=|X-Y|$ 的概率密度 $p(u)$.

【分析】对二元连续型随机变量函数, 通常先求分布函数再求导.

【解】X,Y 的联合密度函数为 $f(x,y) = \begin{cases}1/4, & 1\leqslant x\leqslant 3, 1\leqslant y\leqslant 3, \\ 0, & \text{其他},\end{cases}$

于是有

$$F_U(u) = P\{U\leqslant u\} = P\{|X-Y|\leqslant u\}.$$

当 $u<0$ 时, $F_U(u)=0$;

当 $0<u<2$ 时, $F_U(u) = \iint_{|x-y|\leqslant u}\frac{1}{4}\mathrm{d}x\mathrm{d}y = \frac{1}{4}[4-(2-u)^2] = 1-\frac{1}{4}(2-u)^2$;

当 $u\geqslant 2$ 时, $F_U(u)=1$.

于是 $p(u)=F_U'(u) = \begin{cases}\dfrac{1}{2}(2-u), & 0<u<2, \\ 0, & \text{其他}.\end{cases}$

【例 3.9】(2006 年考研题)设随机变量 X 与 Y 相互独立,且均服从区间 $[0,3]$ 上的均匀分布,求 $P\{\max(X,Y)\leqslant 1\}$.

【分析】首先要明白 $\max(X,Y)$ 和 $\min(X,Y)$ 是二元函数,因而要求出联合概率密度或联合分布律,当然也可以利用独立性.其次要注意到 $\max(X,Y)<z\Leftrightarrow\{X<z,Y<z\}$ 与 $\min(X,Y)>z\Leftrightarrow\{X>z,Y>z\}$ 这两种等价的不同.在等价条件下,相应的概率是相等的,否则易出错.例如 $P\{\min(X,Y)<z\}\neq P\{X<z,Y<z\}$.

【解】记 $U=\max(X,Y)$.由于 X 与 Y 相互独立,且均服从区间 $[0,3]$ 上的均匀分布,

所以 $f_X(x)=\begin{cases}1/3, & 0\leqslant x\leqslant 3,\\ 0, & 其他,\end{cases}$ $F_X(x)=\begin{cases}0, & x\leqslant 0,\\ x/3, & 0<x<3,\\ 1, & x\geqslant 3.\end{cases}$

$$F_U(z)=P\{U\leqslant z\}=P\{X\leqslant z,Y\leqslant z\}=P\{X\leqslant z\}P\{Y\leqslant z\}=F_X(z)F_Y(z)=F_X^2(z),$$
$$P\{\max(x,y)\leqslant 1\}=F_U(1)=F_X^2(1)=1/9.$$

【例 3.10】(1995 年考研题)设 X 和 Y 为两个随机变量,且 $P\{X\geqslant 0\}=P\{Y\geqslant 0\}=\dfrac{4}{7}$,
$P\{X\geqslant 0,Y\geqslant 0\}=\dfrac{3}{7}$,求 $P\{\max(X,Y)\geqslant 0\}$.

【分析】易知 X 与 Y 不独立,若能运用 $\max(X,Y)>z\Leftrightarrow\{X>z$ 或 $Y>z\}$(注意此等价式的右边是“或”而不是“且”),再结合“事件并的概率计算公式”,可解此题.若没想到此式,则运用例 3.9 中的分析和摩根律也可间接得到结果,解的过程如下,注意此题不能利用独立性.

【解】
$$
\begin{aligned}
P\{\max(X,Y)\geqslant 0\}&=1-P\{\max(X,Y)<0\}\\
&=1-P\{X<0\ 且\ Y<0\}\\
&=1-[1-P\{X\geqslant 0\ 或\ Y\geqslant 0\}]\\
&=P\{X\geqslant 0\ 或\ Y\geqslant 0\}\\
&=P\{X\geqslant 0\}+P\{Y\geqslant 0\}-P\{X\geqslant 0,Y\geqslant 0\}=5/7.
\end{aligned}
$$

【例 3.11】设随机变量 X 和 Y 相互独立,其概率密度函数分别是

$$f_X(x)=\begin{cases}1, & 0\leqslant x\leqslant 1,\\ 0, & 其他;\end{cases}\quad f_Y(y)=\begin{cases}2y, & 0\leqslant y\leqslant 1,\\ 0, & 其他.\end{cases}$$

求随机变量 $Z=X+Y$ 的概率密度函数 $f_Z(z)$.

【分析】可按分布函数的定义先求得 $F_Z(z)=P\{Z\leqslant z\}$,再进一步求得概率密度函数 $f_Z(z)$,在计算积分时要分各种情况进行讨论.依据 $f(x,y)>0$ 的区域与动直线 $x+y=z$(其中 z 为未知常数)的相交情况形成的区域(图 3.3)进行积分.

【解】当 $z<0$ 时,$F_Z(z)=0$;

当 $0\leqslant z\leqslant 1$ 时,$F_Z(z)=\displaystyle\int_0^z\int_0^{z-x}2y\mathrm{d}y\mathrm{d}x=z^3/3$;

当 $1<z\leqslant 2$ 时,

$$F_Z(z)=\int_0^{z-1}\mathrm{d}x\int_0^1 2y\mathrm{d}y+\int_{z-1}^1\mathrm{d}x\int_0^{z-x}2y\mathrm{d}y$$
$$=z^2-z^3/3-1/3;$$

当 $z>2$ 时,$F_Z(z)=1$.

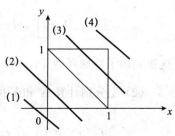

图 3.3

$$F_Z(z) = \begin{cases} 0, & z < 0, \\ z^3/3, & 0 \leqslant z \leqslant 1, \\ z^2 - z^3/3 - 1/3, & 1 < z \leqslant 2, \\ 1, & z > 2. \end{cases}$$

所以，$f_Z(z) = \begin{cases} z^2, & 0 \leqslant z \leqslant 1, \\ 2z - z^2, & 1 \leqslant z \leqslant 2, \\ 0, & \text{其他}. \end{cases}$

【例 3.12】（2003 年考研题）设随机变量 X 和 Y 相互独立，其中 X 的分布律如右所示，而 Y 的概率密度为 $f(y)$，求随机变量 $Z = X + Y$ 的概率密度 $g(z)$.

X	1	2
P	0.3	0.7

【分析】本题仍是用分布函数法求解，由于一个是离散型，一个是连续型，可用全概率公式求之.

【解】 $F_Z(z) = P\{X + Y \leqslant z\} = P\{X = 1\}P\{X + Y \leqslant z | X = 1\} + P\{X = 2\}P\{X + Y \leqslant z | X = 2\}$

$\qquad = 0.3P\{X + Y \leqslant z | X = 1\} + 0.7P\{X + Y \leqslant z | X = 2\}$

$\qquad = 0.3P\{Y \leqslant z - 1 | X = 1\} + 0.7P\{Y \leqslant z - 2 | X = 2\}$,

由于 X 和 Y 相互独立，所以

$$F_Z(z) = 0.3P\{Y \leqslant z - 1\} + 0.7P\{Y \leqslant z - 2\},$$

两边求导从而得到 $g(z) = 0.3f(z - 1) + 0.7f(z - 2)$.

【例 3.13】设随机变量 (X, Y) 的联合概率密度为

$$f(x, y) = \begin{cases} cx\mathrm{e}^{-y}, & 0 < x < y < +\infty, \\ 0, & \text{其他}. \end{cases}$$

(1) 求常数 c；

(2) X 与 Y 是否独立？为什么？

(3) 求 $f_{X|Y}(x|y), f_{Y|X}(y|x)$；

(4) 求 $P\{X < 1 | Y < 2\}, P\{X < 1 | Y = 2\}$；

(5) 求 (X, Y) 的联合分布函数；

(6) 求 $Z = X + Y$ 的密度函数；

(7) 求 $P\{X + Y < 1\}$；

(8) 求 $P\{\min(X, Y) < 1\}$.

【解】(1) 根据 $\int_{-\infty}^{+\infty} \int_{-\infty}^{+\infty} f(x, y)\mathrm{d}x\mathrm{d}y = 1$，得

$$1 = \int_0^{+\infty} \mathrm{d}y \int_0^y cx\mathrm{e}^{-y}\mathrm{d}x = \frac{c}{2}\int_0^{+\infty} y^2 \mathrm{e}^{-y}\mathrm{d}y = \frac{c}{2}\Gamma(3) = c.$$

这里利用了特殊函数 $\Gamma(\alpha) = \int_0^{+\infty} x^{\alpha - 1}\mathrm{e}^{-x}\mathrm{d}x$ 的性质：$\Gamma(\alpha + 1) = \alpha\Gamma(\alpha)$，故 $c = 1$.

(2) 先分别计算 X 和 Y 的边缘密度.

$$f_X(x) = \int_{-\infty}^{+\infty} f(x, y)\mathrm{d}y = \begin{cases} \int_x^{+\infty} x\mathrm{e}^{-y}\mathrm{d}y, & x > 0 \\ 0, & x \leqslant 0 \end{cases} = \begin{cases} x\mathrm{e}^{-x}, & x > 0, \\ 0, & x \leqslant 0. \end{cases}$$

$$f_Y(y) = \int_{-\infty}^{+\infty} f(x,y)\mathrm{d}x = \begin{cases} \int_x^y x\mathrm{e}^{-y}\mathrm{d}x, & y>0 \\ 0, & y\leqslant 0 \end{cases} = \begin{cases} \dfrac{1}{2}y^2\mathrm{e}^{-y}, & y>0, \\ 0, & y\leqslant 0. \end{cases}$$

由于在 $0<x<y<+\infty$ 上，$f(x,y)\neq f_X(x)\cdot f_Y(y)$，故 X 与 Y 不独立.

（3）由条件分布密度的定义知

$$f_{X|Y}(x\,|\,y) = \frac{f(x,y)}{f_Y(y)} = \begin{cases} \dfrac{2x}{y^2}, & 0<x<y<+\infty, \\ 0, & \text{其他}. \end{cases}$$

$$f_{Y|X}(y\,|\,x) = \frac{f(x,y)}{f_X(x)} = \begin{cases} \mathrm{e}^{x-y}, & 0<x<y<+\infty, \\ 0, & \text{其他}. \end{cases}$$

（4）直接由条件概率定义知

$$P\{X<1\,|\,Y<2\} = \frac{P\{X<1,Y<2\}}{P\{Y<2\}} = \frac{\displaystyle\int_{-\infty}^1\int_{-\infty}^2 f(x,y)\mathrm{d}x\mathrm{d}y}{\displaystyle\int_{-\infty}^2 f_Y(y)\mathrm{d}y}$$

$$= \frac{\displaystyle\int_0^1\mathrm{d}x\int_x^2 x\mathrm{e}^{-y}\mathrm{d}y}{\displaystyle\int_0^2 \frac{1}{2}y^2\mathrm{e}^{-y}\mathrm{d}y} = \frac{1-2\mathrm{e}^{-1}-\dfrac{1}{2}\mathrm{e}^{-2}}{1-5\mathrm{e}^{-2}}.$$

又由条件密度的性质知

$$P\{X<1\,|\,Y=2\} = \int_{-\infty}^1 f_{X|Y}(x\,|\,2)\mathrm{d}x$$

而

$$f_{X|Y}(x\,|\,2) = \begin{cases} \dfrac{x}{2}, & 0<x<2, \\ 0, & \text{其他}. \end{cases}$$

所以

$$P\{X<1\,|\,Y=2\} = \int_0^1 \frac{x}{2}\mathrm{d}x = \frac{1}{4}.$$

（5）由于 $F(x,y) = P\{X\leqslant x,Y\leqslant y\}$，故有：

当 $x<0$ 或 $y<0$ 时，$F(x,y)=0$.

当 $0\leqslant y<x<+\infty$ 时，有

$$F(x,y) = P\{X\leqslant x,Y\leqslant y\} = \int_0^y \mathrm{d}v\int_0^v u\mathrm{e}^{-v}\mathrm{d}u = \frac{1}{2}\int_0^y v^2\mathrm{e}^{-v}\mathrm{d}v$$

$$= 1 - \left(\frac{1}{2}y^2+y+1\right)\mathrm{e}^{-y}.$$

当 $0\leqslant x<y<+\infty$ 时，有

$$F(x,y) = P\{X\leqslant x,Y\leqslant y\} = \int_0^x \mathrm{d}u\int_u^y u\mathrm{e}^{-v}\mathrm{d}v = \int_0^x u(\mathrm{e}^{-u}-\mathrm{e}^{-y})\mathrm{d}u$$

$$= 1 - (x+1)\mathrm{e}^{-x} - \frac{1}{2}x^2\mathrm{e}^{-y}.$$

综上知

$$F(x,y)=\begin{cases} 0, & x<0 \text{ 或 } y<0, \\ 1-\left(\dfrac{1}{2}y^2+y+1\right)\mathrm{e}^{-y}, & 0\leqslant y<x<+\infty, \\ 1-(x+1)\mathrm{e}^{-x}-\dfrac{1}{2}x^2\mathrm{e}^{-y}, & 0\leqslant x<y<+\infty. \end{cases}$$

（6）根据两个随机变量和的密度公式

$$f_Z(z)=\int_{-\infty}^{+\infty}f(x,z-x)\mathrm{d}x,$$

由于要被积函数 $f(x,z-x)$ 非零，只要当 $0<x<z-x$，即 $0<x<\dfrac{z}{2}$ 时，从而有：

当 $z<0$ 时，$f_Z(z)=0$；

当 $z\geqslant0$ 时，$f_Z(z)=\int_0^{\frac{z}{2}}x\mathrm{e}^{-(z-x)}\mathrm{d}x=\mathrm{e}^{-z}\int_0^{\frac{z}{2}}x\mathrm{e}^x\mathrm{d}x=\mathrm{e}^{-z}+\left(\dfrac{z}{2}-1\right)\mathrm{e}^{-\frac{z}{2}}$；

因此，

$$f_Z(z)=\begin{cases} \mathrm{e}^{-z}+\left(\dfrac{z}{2}-1\right)\mathrm{e}^{-\frac{z}{2}}, & z\geqslant0, \\ 0, & z<0. \end{cases}$$

（7）由于已经求出了 $Z=X+Y$ 的密度函数，故

$$P\{X+Y<1\}=\int_{-\infty}^{1}f_Z(z)\mathrm{d}z=\int_0^1\left[\mathrm{e}^{-z}+\left(\dfrac{z}{2}-1\right)\mathrm{e}^{-\frac{z}{2}}\right]\mathrm{d}z$$
$$=1-\mathrm{e}^{-\frac{1}{2}}-\mathrm{e}^{-1}.$$

（8）$P\{\min(X,Y)<1\}=1-P\{\min(X,Y)\geqslant1\}=1-P\{X\geqslant1,Y\geqslant1\}$
$$=1-\int_1^{+\infty}\mathrm{d}v\int_1^{v}u\mathrm{e}^{-v}\mathrm{d}u=1-\dfrac{1}{2}\int_1^{+\infty}(v^2-1)\mathrm{e}^{-v}\mathrm{d}v$$
$$=1-2\mathrm{e}^{-1}.$$

第四章

随机变量的数字特征

一、基本要求

（1）理解数学期望的定义，并会利用概念求解随机变量的数学期望；掌握离散型和连续型随机变量函数的数学期望的求解方法；熟悉常见分布的数学期望，熟练掌握数学期望的性质，并会利用它们求数学期望.

（2）掌握方差的定义，并会利用概念进行方差的计算；掌握方差的性质及方差与数学期望的关系；熟悉常见分布的方差.

（3）理解相关性和独立性的关系，并会利用它们进行概率的求解.

二、内容提要

（一）数学期望

1. 数学期望的定义

离散型和连续型随机变量 X 的**数学期望**定义为

$$E(X) = \begin{cases} \sum_k x_k P\{X = x_k\} & \text{（离散型）}, \\ \int_{-\infty}^{+\infty} x f(x) \mathrm{d}x & \text{（连续型）}, \end{cases}$$

其中 Σ 表示对 X 的一切可能值求和. 对于离散型变量，若可能值个数无限，则要求**级数绝对收敛**；对于连续型变量，要求定义中的**积分绝对收敛**；否则认为数学期望不存在.

数学期望是度量一随机变量取值的平均水平的数字特征.

2. 随机变量的函数的数学期望

设 $y = g(x)$ 为连续函数或分段连续函数，而 X 是任一随机变量，则随机变量 $Y = g(X)$ 的数学期望可以通过随机变量 X 的概率分布直接来求，而不必先求出 Y 的概率分布再求其数学期望：

$$E(Y) = E[g(X)] = \begin{cases} \sum_k g(x_k)P\{X = x_k\} & \text{(离散型)}, \\ \int_{-\infty}^{+\infty} g(x)f(x)dx & \text{(连续型)}. \end{cases}$$

对于二元函数 $Z = g(X,Y)$,有类似的公式:

$$E(Z) = E[g(x,y)] = \begin{cases} \sum_i \sum_j g(x_i,y_j)P\{X = x_i, Y = y_j\} & \text{(离散型)}, \\ \int_{-\infty}^{+\infty} \int_{-\infty}^{+\infty} g(x,y)f(x,y)\mathrm{d}x\mathrm{d}y & \text{(连续型)}. \end{cases}$$

3. 数学期望的性质

性质 1 $E(c) = c$,其中 c 为常数;

性质 2 $E(cX) = cE(X)$,其中 c 为常数;

性质 3 $E(X+Y) = E(X) + E(Y)$;

性质 4 设 X, Y 相互独立,则 $E(XY) = E(X) \cdot E(Y)$.

(二) 方差(表征随机变量取值分散或集中程度的数字特征)

1. 方差的计算公式

关于方差的具体计算公式分为离散型和连续型两种情形.

(1)若 X 为离散型随机变量,且 X 的分布列为 $P(X=x_i) = p_i, i = 1, 2, \cdots$,则

$$D(X) = \sum_{i=1}^{\infty} [x_i - E(X)]^2 p_i.$$

(2)若 X 为连续型随机变量,且 X 的密度函数为 $f(x)$,则

$$D(X) = \int_{-\infty}^{+\infty} [x - E(X)]^2 f(x)\mathrm{d}x.$$

但在实际计算中,有时我们采用如下的计算公式:

$$D(X) = E(X^2) - (E(X))^2.$$

上式之所以成立,是因为

$$\begin{aligned} D(X) &= E[(X - E(X))^2] = E[X^2 - 2XE(X) + (E(X))^2] \\ &= E(X^2) - 2E(X) \cdot E(X) + (E(X))^2 \\ &= E(X^2) - (E(X))^2. \end{aligned}$$

2. 方差的性质

(1) $D(X) \geqslant 0$,并且 $D(X) = 0$ 当且仅当 X(以概率 1)为常数;

(2) 对于任意实数 λ,有 $D(\lambda X) = \lambda^2 D(X)$;

(3) 若 $X_1, X_2, \cdots, X_m$ **两两独立**或**两两不相关**,则

$$D(X_1 + X_2 + \cdots + X_m) = D(X_1) + D(X_2) + \cdots + D(X_m).$$

(三) 协方差和相关系数

考虑二维随机向量 (X,Y),其数字特征包括每个随机变量的数学期望和方差,以及 X 和 Y 的联合数字特征——协方差和相关系数.

1. 协方差和相关系数的定义

设 (X,Y) 为二维随机变量,若 $E[(X - EX)(Y - EY)]$ 存在,称它为 X, Y 的协方差,记作

Cov(X,Y),即

$$\mathrm{Cov}(X,Y)=E[(X-EX)(Y-EY)],$$

称

$$\rho_{XY}=\frac{\mathrm{Cov}(X,Y)}{\sqrt{D(X)}\sqrt{D(Y)}}$$

为随机变量 X,Y 的**相关系数**. 若 $\rho_{XY}=0$,则称 X,Y **不相关**.

2. 协方差的性质

设随机变量 X 和 Y 的方差存在,则它们的协方差也存在.

(1) 若 X 和 Y 独立,则 $\mathrm{Cov}(X,Y)=0$;对于任意常数 c,有 $\mathrm{Cov}(X,c)=0$.

(2) $\mathrm{Cov}(X,Y)=\mathrm{Cov}(Y,X)$.

(3) 对于任意实数 a 和 b,有 $\mathrm{Cov}(aX,bY)=ab\mathrm{Cov}(X,Y)$.

(4) 对于任意随机变量 X,Y,Z,有

$$\mathrm{Cov}(X+Y,Z)=\mathrm{Cov}(X,Z)+\mathrm{Cov}(Y,Z)\ ,$$
$$\mathrm{Cov}(X,Y+Z)=\mathrm{Cov}(X,Y)+\mathrm{Cov}(X,Z)\ .$$

(5) 对于任意 X 和 Y,有 $|\mathrm{Cov}(X,Y)|\leqslant\sqrt{D(X)}\sqrt{D(Y)}$.

(6) 对于任意 X 和 Y,有 $D(X\pm Y)=D(X)+D(Y)\pm 2\mathrm{Cov}(X,Y)$.

3. 相关系数的性质

相关系数的如下三条基本性质,决定了它的重要应用. 设 ρ 为 X 和 Y 的相关系数,$\mu_1=E(X)$,$\mu_2=E(Y)$,$\sigma_1^2=D(X)$,$\sigma_2^2=D(Y)$.

(1) $-1\leqslant\rho\leqslant 1$.

(2) 若 X 和 Y 相互独立,则 $\rho=0$;但是,当 $\rho=0$ 时 X 和 Y 却未必独立.

(3) $|\rho|=1$ 的充分必要条件是 X 和 Y(以概率 1)互为线性函数.

三条性质说明,随着变量 X 和 Y 之间的关系由相互独立到互为线性函数,它们的相关系数的绝对值 $|\rho|$ 从 0 增加到 1,说明相关系数可以做两个变量统计相依程度的度量.

4. 随机变量的相关性

假设随机变量 X 和 Y 的相关系数 ρ 存在. 若 $\rho=0$,则称 X 和 Y **不相关**,否则称 X 和 Y **相关**.

(1) 若两个随机变量独立,则它们一定不相关,而反之未必;

(2) 若 X 和 Y 的联合分布是二维正态分布,则它们"不相关"与"独立"等价.

(四) 矩

在力学和物理学中用矩描述质量的分布. 概率统计中用矩描述概率分布. 常用的矩有两大类:原点矩和中心矩. 数学期望是一阶原点矩,而方差是二阶中心矩.

1. 原点矩

对任意实数 $k\geqslant 0$,称 $\alpha_k=E(X^k)$ 为随机变量 X 的 k **阶原点矩**,简称 k **阶矩**. 特别地,$\alpha_1=E(X)$. 原点矩的计算公式为

$$\alpha_k=E(X^k)=\begin{cases}\displaystyle\sum_i x_i^k P\{X=x_i\} & \text{(离散型);}\\[2mm]\displaystyle\int_{-\infty}^{\infty}x^k f(x)\mathrm{d}x & \text{(连续型).}\end{cases}$$

2. 中心矩

称 $\mu_k = E[(X-E(X))^k]$ 为随机变量 X 的 k 阶中心矩. 特别地, $\mu_2 = D(X)$.

三、典型例题

【例 4.1】(1987 年考研题) 已知连续型随机变量 X 的密度函数为

$$f(x) = \frac{1}{\sqrt{\pi}} e^{-x^2+2x-1}, \quad -\infty < x < +\infty.$$

求 $E(X)$ 与 $D(X)$.

【分析】一种求法是直接利用数学期望与方差的定义来求, 对于 $\int e^{ax^2+bx+c}\mathrm{d}x\,(a<0)$ 型积分, 关键是对 ax^2+bx+c 进行配方, 然后进行积分变换可把积分转化为 $\int e^{-|a|x^2}\mathrm{d}x$ 的形式, 再结合标准正态的概率密度积分值为 1, 最终可算出结果. 应用此法并结合分步积分法进一步可求 $\int P_m(x)e^{ax^2+bx+c}\mathrm{d}x$ 型积分 (其中 $P_m(x)$ 是 m 次多项式). 另一种方法是利用正态分布的形式及其参数的含义, 此时要善于识别常用分布的密度函数.

【解】(方法一) 直接法.

由数学期望与方差的定义知

$$E(X) = \int_{-\infty}^{+\infty} x f(x)\mathrm{d}x = \frac{1}{\sqrt{\pi}}\int_{-\infty}^{+\infty} x e^{-(x-1)^2}\mathrm{d}x$$

$$= \frac{1}{\sqrt{\pi}}\int_{-\infty}^{+\infty} e^{-(x-1)^2}\mathrm{d}x + \frac{1}{\sqrt{\pi}}\int_{-\infty}^{+\infty} (x-1)e^{-(x-1)^2}\mathrm{d}x$$

$$= \frac{1}{\sqrt{\pi}}\int_{-\infty}^{+\infty} e^{-(x-1)^2}\mathrm{d}x = 1.$$

$$D(X) = E(X-E(X))^2 = \int_{-\infty}^{+\infty} (x-1)^2 f(x)\mathrm{d}x$$

$$= \int_{-\infty}^{+\infty} (x-1)^2 \frac{1}{\sqrt{\pi}}e^{-(x-1)^2}\mathrm{d}x$$

$$= \frac{1}{\sqrt{\pi}}\int_{-\infty}^{+\infty} t^2 e^{-t^2}\mathrm{d}t \xlongequal{\text{分部积分}} \frac{1}{2\sqrt{\pi}}\int_{-\infty}^{+\infty} e^{-t^2}\mathrm{d}t = \frac{1}{2}.$$

(方法二) 利用正态分布定义.

由于期望为 μ, 方差为 σ^2 的正态分布的概率密度为 $\frac{1}{2\sqrt{\pi}}e^{-\frac{(x-\mu)^2}{2\sigma^2}}$ $(-\infty < x < +\infty)$. 所以把 $f(x)$ 变形为

$$f(x) = \frac{1}{\sqrt{2\pi}\cdot\sqrt{\frac{1}{2}}} e^{-\frac{(x-1)^2}{2\times\left(\sqrt{\frac{1}{2}}\right)^2}},$$

易知, $f(x)$ 为 $N\left(1,\frac{1}{2}\right)$ 的概率密度, 因此有

$$E(X) = 1, D(X) = \frac{1}{2}.$$

【例 4.2】（1995 年考研题）设 X 表示 10 次独立重复射击中命中目标的次数，每次射中目标的概率为 0.4，求 $E(X^2)$.

【分析】本题灵活应用方差计算公式 $E(X^2)=D(X)+(E(X))^2$，如果直接求解，那么

$$E(X^2)=\sum_{k=0}^{10}k^2 C_{10}^k 0.4^k(1-0.4)^{10-k}$$

的计算是繁琐的.

【解】由题意知 $X \sim B(10,0.4)$，于是

$$E(X)=10\times 0.4=4,$$
$$D(X)=10\times 0.4\times(1-0.4)=2.4.$$

由 $D(X)=E(X^2)-(E(X))^2$ 可推知

$$E(X^2)=D(X)+(E(X))^2=2.4+4^2=18.4.$$

【例 4.3】设随机变量 $X_1,X_2,\cdots,X_n$ 独立，服从同一分布 $N(\mu,\sigma^2)$，求

$$E\Big[\sum_{i=1}^{n-1}(X_{i+1}-X_i)^2\Big].$$

【分析】本题考查期望和方差的性质和运用公式 $E(X^2)=D(X)+(E(X))^2$.

【解】$E[(X_{i+1}-X_i)^2]=D(X_{i+1}-X_i)+[E(X_{i+1}-X_i)]^2=D(X_{i+1})+D(X_i)$
$$=2\sigma^2,$$

所以

$$E\Big[\sum_{i=1}^{n-1}(X_{i+1}-X_i)^2\Big]=2(n-1)\sigma^2.$$

【例 4.4】对目标进行射击，直到击中目标为止. 如果每次射击的命中率为 p，求射击次数 X 的数学期望和方差.

【解】由题意可求得 X 的分布律为

$$P(X=k)=pq^{k-1},k=1,2,\cdots,q=1-p.$$

于是
$$E(X)=\sum_{k=1}^{\infty}kpq^{k-1}=p\sum_{k=1}^{\infty}kq^{k-1}$$
$$=p\frac{d}{dq}\Big(\sum_{k=0}^{\infty}q^k\Big)=p\frac{d}{dq}\Big(\frac{1}{1-q}\Big)=\frac{p}{(1-q)^2}=\frac{1}{p}.$$

为了求 $D(X)$，我们先求 $E(X^2)$. 由于

$$E(X^2)=\sum_{k=1}^{\infty}k^2 pq^{k-1}=\sum_{k=1}^{\infty}k(k-1)pq^{k-1}+\sum_{k=1}^{\infty}kpq^{k-1}=pq\sum_{k=2}^{\infty}k(k-1)q^{k-2}+\frac{1}{p}$$
$$=pq\frac{d^2}{dq^2}(\sum_{k=0}^{\infty}q^k)+\frac{1}{p}=\frac{2pq}{(1-q)^3}+\frac{1}{p}=\frac{2q}{p^2}+\frac{1}{p}.$$

因此
$$D(X)=E(X^2)-(E(X))^2=\frac{1-p}{p^2}=\frac{q}{p^2}.$$

【评注】本题的主要技巧是利用了级数的逐项求导公式来求期望. 当然同样可用逐项积分方法来求 $\sum_{k=1}^{\infty}kq^{k-1}$ 和 $\sum_{k=1}^{\infty}k^2 q^{k-1}$，这种手段在级数求和或数学期望、方差的计算是十分奏效的. 还有一点我们在此说明一下，本题中由于 X 的取值都是正数，所以只要正项级数

$\sum\limits_{k=1}^{\infty}x_kp_k$ 收敛,则一定绝对收敛,即 $\sum\limits_{k=1}^{\infty}x_kp_k$ 的和就是 $E(X)$. 而实际情况中,可能存在级数 $\sum\limits_{k=1}^{\infty}x_kp_k$ 是条件收敛的,此时,X 的数学期望就不存在(尽管 $\sum\limits_{k=1}^{\infty}x_kp_k$ 是收敛的).

【例 4.5】 一台设备由三大部件构成,在设备运转中各部件需要调整的概率相应为 0.10, 0.20 和 0.30,假设各部件的状态相互独立,以 X 表示同时需要调整的部件数,试求 X 的数学期望 $E(X)$ 和方差 $D(X)$.

【分析】 关键是求出 X 的分布律,然后用定义计算 $E(X)$ 和 $D(X)$,也可以"把 X 分解为不同部分,先根据每一部分的分布求出期望和方差,再利用期望和方差的性质求出总的期望、方差". 从下面的例子可以看出方法二比方法一要简便得多,希望读者认真学习掌握. 此法随后再给两个例题.

【解】(方法一)直接法. 引入事件:
$$A_i=\{第 i 个部件需要调整\}, \quad i=1,2,3.$$
根据题设,三部件需要调整的概率分别为
$$P(A_1)=0.10, P(A_2)=0.20, P(A_3)=0.30.$$
由题设部件的状态相互独立,于是有
$$P\{X=0\}=P(\overline{A_1}\,\overline{A_2}\,\overline{A_3})=P(\overline{A_1})P(\overline{A_2})P(\overline{A_3})$$
$$=0.9\times0.8\times0.7=0.504.$$
$$P\{X=1\}=P(A_1\overline{A_2}\,\overline{A_3}\bigcup\overline{A_1}A_2\,\overline{A_3}\bigcup\overline{A_1}\,\overline{A_2}A_3)$$
$$=0.1\times0.8\times0.7+0.9\times0.2\times0.7+0.9\times0.8\times0.3=0.398,$$
$$P\{X=2\}=P(A_1A_2\overline{A_3}\bigcup A_1\overline{A_2}A_3\bigcup\overline{A_1}A_2A_3)$$
$$=0.1\times0.2\times0.7+0.1\times0.8\times0.3+0.9\times0.2\times0.3=0.092.$$
于是 X 的分布律为

X	0	1	2	3
P	0.504	0.398	0.092	0.006

从而
$$E(X)=\sum_i x_ip_i=0\times0.504+1\times0.398+2\times0.092+3\times0.006$$
$$=0.6,$$
$$E(X^2)=\sum_i X_i^2p_i=0^2\times0.504+1^2\times0.398+2^2\times0.092+3^2\times0.006$$
$$=0.820.$$
故
$$D(X)=E(X^2)-(E(X))^2=0.820-0.6^2=0.46.$$

(方法二)分解法. 设 X_i 为第 i 个部件要调整数($i=1,2,3$),于是有 $X=X_1+X_2+X_3$,且 X_i 均服从两点分布. $E(X_i)=P(A_i)$,$D(X_i)=P(A_i)(1-P(A_i))$.
又易知,X_1,X_2,X_3 相互独立.
所以
$$E(X)=E(X_1)+E(X_2)+E(X_3)$$
$$=0.10+0.20+0.30=0.60,$$

$$D(X) = D(X_1) + D(X_2) + D(X_3)$$
$$= 0.1 \times (1-0.1) + 0.2 \times (1-0.2) + 0.3 \times (1-0.3) = 0.46.$$

【例 4.6】 一民航班车上共有 20 名旅客,自机场开出,旅客有 10 个车站可以下车,如到达一个车站没有旅客下车就不停车,以 X 表示停车的次数,求 $E(X)$(设每位旅客在各车站下车是等可能的).

【分析】 由题可知,任一旅客在第 i 站只有两个状态:下车,不下车.且每个旅客是否下车是相互独立的.借助数学期望的性质进行求解.

【解】 引入随机变量

$$X_i = \begin{cases} 0, & \text{在第 } i \text{ 站无人下车,} \\ 1, & \text{在第 } i \text{ 站有人下车.} \end{cases} \quad i = 1, 2, \cdots, 10.$$

易见 $X = X_1 + X_2 + \cdots + X_{10}$.

按题意,任一旅客在第 i 站不下车的概率是 $\frac{9}{10}$,因此,20 位旅客都不在第 i 站下车的概率为 $\left(\frac{9}{10}\right)^{20}$. 从而,在第 i 站有人下车的概率为 $1 - \left(\frac{9}{10}\right)^{20}$,也就是说,$X_i$ 的分布律为

X_i	0	1
P	$\left(\frac{9}{10}\right)^{20}$	$1 - \left(\frac{9}{10}\right)^{20}$

其中,$i = 1, 2, \cdots, 10$.

于是

$$E(X_i) = 1 - \left(\frac{9}{10}\right)^{20}, \quad i = 1, 2, \cdots, 10.$$

进而有

$$E(X) = E\left(\sum_{i=1}^{10} X_i\right) = \sum_{i=1}^{10} E(X_i) = 10\left[1 - \left(\frac{9}{10}\right)^{20}\right] = 8.784.$$

也就是说,平均停 8.784 次.

【例 4.7】 对目标进行射击,每次击发一颗子弹,直至击中 n 次为止,设各次射击相互独立,且每次射击时击中目标的概率为 p,试求子弹的消耗量 X 的数学期望和方差.

【分析】 每次射击只有两种状态:击中,未击中.由于考虑的是直至击中 n 次为止,所以单独考虑两次击中之间击发的子弹数.

【解】 设 X_i 表示第 $i-1$ 次击中到第 i 次击中目标所消耗的子弹数,$i = 1, 2, \cdots, n$,显然有 $X = \sum_{i=1}^{10} X_i$.

依题设可知,各个 X_i 独立同分布,都服从几何分布,即

$$P\{X_i = k\} = (1-p)^{k-1} p, \quad k = 1, 2, \cdots$$

于是由本节例 4.4 知

$$E(X_i) = \frac{1}{p}, D(X_i) = \frac{1-p}{p^2}, i = 1, 2, \cdots, n.$$

因此

$$E(X) = E\left(\sum_{i=1}^{n} X_i\right) = \sum_{i=1}^{n} E(X_i) = \frac{n}{p}.$$

又由于 $X_1, \cdots, X_n$ 是相互独立的,故

$$D(X) = D\left(\sum_{i=1}^n X_i\right) = \sum_{i=1}^n D(X_i) = \frac{n(1-p)}{p^2}.$$

【例 4.8】设随机变量 X 的概率密度为

$$f(x) = \begin{cases} ax, & 0 < x < 2, \\ cx+b, & 2 \leqslant x \leqslant 4, \\ 0, & \text{其他}. \end{cases}$$

已知 $E(X) = 2, P\{1 < X < 3\} = \dfrac{3}{4}$. 求:(1) 常数 a, b, c;(2) $E(e^X)$.

【分析】要确定三个常数 a, b, c,需三个条件,题设中已有两个条件,另一条件为 $\displaystyle\int_{-\infty}^{+\infty} f(x)\mathrm{d}x = 1$,而 $E(e^X)$ 只需利用随机变量函数的期望计算公式即可.

【解】(1) 由概率密度的性质,有

$$1 = \int_{-\infty}^{+\infty} f(x)\mathrm{d}x = \int_0^2 ax\,\mathrm{d}x + \int_2^4 (cx+b)\mathrm{d}x = 2a + 6c + 2b.$$

又因为

$$2 = E(X) = \int_{-\infty}^{+\infty} xf(x)\mathrm{d}x = \int_0^2 x \cdot ax\,\mathrm{d}x + \int_2^4 x(cx+b)\mathrm{d}x$$
$$= \frac{8}{3}a + \frac{56}{3}c + 6b,$$

而

$$\frac{3}{4} = P\{1 < X < 3\} = \int_1^3 f(x)\mathrm{d}x = \int_1^2 ax\,\mathrm{d}x + \int_2^3 (cx+b)\mathrm{d}x$$
$$= \frac{3}{2}a + \frac{5}{2}c + b.$$

解方程组

$$\begin{cases} 2a + 6c + 2b = 1, \\ \dfrac{8}{3}a + \dfrac{56}{3}c + 6b = 2, \\ \dfrac{3}{2}a + \dfrac{5}{2}c + b = \dfrac{3}{4}. \end{cases}$$

得

$$a = \frac{1}{4}, b = 1, c = -\frac{1}{4}.$$

(2) $E(e^X) = \displaystyle\int_{-\infty}^{+\infty} e^x f(x)\mathrm{d}x = \int_0^2 e^x \cdot \frac{x}{4}\mathrm{d}x + \int_2^4 e^x\left(1 - \frac{x}{4}\right)\mathrm{d}x$

$$= \frac{1}{4}e^4 - \frac{1}{2}e^2 + \frac{1}{4}.$$

【例 4.9】假设由自动线加工的某种零件的内径 X(mm)服从正态分布 $N(\mu, 1)$,内径小于 10 或大于 12 的为不合格品,其余为合格品,销售每件合格品获利,销售每件不合格品亏损,已知销售利润 T(单位:元)与销售零件的内径 X 有如下关系:

$$T = \begin{cases} -1, & X < 10, \\ 20, & 10 \leqslant X \leqslant 12, \\ -5, & X > 12. \end{cases}$$

问平均内径 μ 取何值时,销售一个零件的平均利润最大?

【分析】问题是求 μ,使 $E(T)$ 达到最大,故关键是求出 $E(T)$ 的表达式.

【解】由于 $X \sim N(\mu,1)$,故 $X-\mu \sim N(0,1)$,从而由题设条件知,平均利润为

$$E(T)=20 \times P\{10 \leqslant X \leqslant 12\}-P\{X<10\}-5 \times P\{X>12\}$$
$$=20 \times [\Phi(12-\mu)-\Phi(10-\mu)]-\Phi(10-\mu)-5[1-\Phi(12-\mu)]$$
$$=25\Phi(12-\mu)-21\Phi(10-\mu)-5.$$

其中 $\Phi(x)$ 为标准正态分布函数,设 $\varphi(x)$ 为标准正态密度函数,则有

$$\frac{\mathrm{d}E(T)}{\mathrm{d}\mu}=-25\varphi(12-\mu)+21\varphi(10-\mu)$$
$$=-\frac{25}{\sqrt{2\pi}}\mathrm{e}^{-\frac{(12-\mu)^2}{2}}+\frac{21}{\sqrt{2\pi}}\mathrm{e}^{-\frac{(10-\mu)^2}{2}}.$$

令其等于 0,得

$$\frac{25}{\sqrt{2\pi}}\mathrm{e}^{-\frac{(12-\mu)^2}{2}}=\frac{21}{\sqrt{2\pi}}\mathrm{e}^{-\frac{(10-\mu)^2}{2}},$$

由此得

$$\mu=\mu_0=11-\frac{1}{2}\ln\frac{25}{21}\approx 10.9,$$

由题意知 $\left(\text{此时}\dfrac{\mathrm{d}^2E(T)}{\mathrm{d}\mu^2}\bigg|_{\mu=\mu_0}<0\right)$,当 $\mu=\mu_0\approx 10.9\mathrm{mm}$ 时,平均利润最大.

【例 4.10】设某种商品每周的需求量 X 服从区间 $[10,30]$ 上均匀分布的随机变量,而经销商店进货数量为区间 $[10,30]$ 中的某一整数,商店每销售一单位可获利 500 元;若供大于求则削价处理,每处理一单位商品亏损 100 元;若供不应求,则可从外部调剂供应,此时每一单位仅获利 300 元,为使商品所获利润的期望值不少于 9280 元,试确定最小进货量.

【解】根据题设,随机变量 X 的概率分布密度为

$$f_X(x)=\begin{cases}\dfrac{1}{20}, & 10 \leqslant x \leqslant 30,\\[2mm] 0, & \text{其他}.\end{cases}$$

设进货数量为 a,则利润应为

$$g(X)=\begin{cases}500X-(a-X)100, & 10 \leqslant X \leqslant a,\\ 500a+(X-a)300, & a<X \leqslant 30\end{cases}$$
$$=\begin{cases}600X-100a, & 10 \leqslant X \leqslant a,\\ 300X+200a, & a<X \leqslant 30.\end{cases}$$

利用随机变量函数的期望公式知,期望利润为

$$E[g(X)]=\int_{-\infty}^{+\infty}g(x)f_X(x)\mathrm{d}x$$
$$=\int_{10}^{a}(600x-100a)\cdot\frac{1}{20}\mathrm{d}x+\int_{a}^{30}(300x+200a)\cdot\frac{1}{20}\mathrm{d}x$$
$$=-7.5a^2+350a+5250.$$

依题意,要 $\qquad\qquad -7.5a^2+350a+5250 \geqslant 9280,$

即 $\qquad\qquad\qquad (3a-62)(2.5a-65) \leqslant 0,$

于是 $$3a-62\geqslant 0,2.5a-65\leqslant 0.$$

即 $20\dfrac{2}{3}\leqslant a\leqslant 26$. 故要利润期望值不少于 9280 元的最小进货量为 21 单位.

【例 4.11】 设 X 是一随机变量,其概率密度为

$$f(x)=\begin{cases} 1+x, & -1\leqslant x\leqslant 0, \\ 1-x, & 0<x\leqslant 1, \\ 0, & \text{其他}. \end{cases}$$

求 $D(X)$.

【解】 $E(X)=\displaystyle\int_{-\infty}^{+\infty}xf(x)\mathrm{d}x=\int_{-1}^{0}x(1+x)\mathrm{d}x+\int_{0}^{1}x(1-x)\mathrm{d}x=0,$

$E(X^2)=\displaystyle\int_{-\infty}^{+\infty}x^2f(x)\mathrm{d}x=\int_{-1}^{0}x^2(1+x)\mathrm{d}x+\int_{0}^{1}x^2(1-x)\mathrm{d}x=2\int_{0}^{1}x^2(1-x)\mathrm{d}x=\dfrac{1}{6},$

于是 $$D(X)=E(X^2)-(E(X))^2=\dfrac{1}{6}.$$

【技巧】 在计算数学期望和方差时,应首先检验一下概率密度函数 $f(x)$ 的奇偶性,这样可利用对称区间上奇偶函数的积分公式简化求解. 比如本题中,概率密度函数 $f(x)$ 为偶函数,故 $E(X)=\displaystyle\int_{-\infty}^{+\infty}xf(x)\mathrm{d}x=0$. 同样 $D(X)$ 的计算也可直接简化.

【例 4.12】 设 X 服从参数 $\lambda=1$ 的指数分布,求 $E(X+\mathrm{e}^{-2X})$.

【分析】 直接利用随机变量函数的数学期望公式进行计算.

【解】 由题设知,X 的密度函数为

$$f(x)=\begin{cases} \mathrm{e}^{-x}, & x>0, \\ 0, & x\leqslant 0. \end{cases}$$

且 $E(X)=1$,又因为

$$E(\mathrm{e}^{-2X})=\int_{-\infty}^{+\infty}\mathrm{e}^{-2x}f(x)\mathrm{d}x=\int_{0}^{+\infty}\mathrm{e}^{-2x}\cdot\mathrm{e}^{-x}\mathrm{d}x=\dfrac{1}{3},$$

从而 $$E(X+\mathrm{e}^{-2X})=E(X)+E(\mathrm{e}^{-2X})=1+\dfrac{1}{3}=\dfrac{4}{3}.$$

【寓意】 本题的目的是考查常见分布的分布密度(或分布律)以及它们的数字特征,同时也考查了随机变量函数的数学期望的求法.

【例 4.13】 设二维随机变量 (X,Y) 在区域 $G=\{(x,y):0<x<1,|y|<x\}$ 内服从均匀分布,求随机变量 $Z=2X+1$ 的方差 $D(Z)$.

【分析】 先利用方差的性质转化为求 $D(X)$. 易知 $f(x,y)=\begin{cases} 1,(x,y)\in G \\ 0,(x,y)\notin G. \end{cases}$

【解】 由方差的性质得知

$$D(Z)=D(2X+1)=4D(X).$$

又由于 X 的边缘密度为

$$f_X(x)=\int_{-\infty}^{+\infty}f(x,y)\mathrm{d}y=\begin{cases} \displaystyle\int_{-x}^{x}1\mathrm{d}y, & 0<x<1, \\ 0, & \text{其他} \end{cases}$$

$$=\begin{cases} 2x, & 0<x<1, \\ 0, & \text{其他}. \end{cases}$$

于是

$$E(X) = \int_0^1 x \cdot 2x \mathrm{d}x = \frac{2}{3}, \quad E(X^2) = \int_0^1 x^2 \cdot 2x \mathrm{d}x = \frac{1}{2},$$

$$D(X) = E(X^2) - (E(X))^2 = \frac{1}{2} - \left(\frac{2}{3}\right)^2 = \frac{1}{18}.$$

因此

$$D(Z) = 4D(X) = 4 \times \frac{1}{18} = \frac{2}{9}.$$

【技巧】尽管本题给出的是二维随机变量,但在求 X 的期望与方差时,可以从 X 的边缘密度函数出发,而不必从 X 与 Y 的联合密度函数开始. 在一般情形下,采用边缘密度函数较为方便.

【例 4.14】设随机变量 X 和 Y 相互独立,且 X 服从均值为 1,标准差为 $\sqrt{2}$ 的正态分布,而 Y 服从标准正态分布,试求随机变量 $Z = 2X - Y + 3.$ 的概率密度函数.

【分析】此题看上去好像与数字特征无多大联系,但由于 X 和 Y 相互独立且都服从正态分布,所以 Z 作为 X,Y 的线性组合也服从正态分布. 故只需求 $E(Z)$ 和 $D(Z)$,则 Z 的概率密度函数就唯一确定了.

【解】由题设知,$X \sim N(1,2)$,$Y \sim N(0,1)$,从而由期望和方差的性质得

$$E(Z) = 2E(X) - E(Y) + 3 = 5,$$
$$D(Z) = 2^2 D(X) + D(Y) = 9.$$

又因 Z 是 X,Y 的线性函数,且 X,Y 是相互独立的正态随机变量,故 Z 也为正态随机变量,又因正态分布完全由其期望和方差确定,故知 $Z \sim N(5,9)$. 于是,Z 的概率密度为

$$f_Z(z) = \frac{1}{3\sqrt{2\pi}} \mathrm{e}^{-\frac{(z-5)^2}{2 \times 9}}, \quad -\infty < z < +\infty.$$

【注意】本题主要考查两点内容,一是独立正态分布的随机变量的线性组合仍为正态分布;二是正态分布完全由其期望和方差决定. 另外,正态分布的随机变量的线性组合不一定服从正态分布. 比如,若 $X \sim N(0,1)$,那么 $-X \sim N(0,1)$,而 $X + (-X)$ 不服从正态分布.

【例 4.15】假设随机变量 Y 服从参数为 $\lambda = 1$ 的指数分布,随机变量

$$X_k = \begin{cases} 0, & Y \leqslant k, \\ 1, & Y > k, \end{cases} \quad k = 1, 2.$$

(1) 求 X_1 和 X_2 的联合概率分布;

(2) 求 $E(X_1 + X_2)$.

【解】显然,Y 的分布函数为

$$F(y) = \begin{cases} 1 - \mathrm{e}^{-y}, & y > 0, \\ 0, & y \leqslant 0. \end{cases}$$

$$X_1 = \begin{cases} 0, & Y \leqslant 1, \\ 1, & Y > 1. \end{cases} \qquad X_2 = \begin{cases} 0, & Y \leqslant 2, \\ 1, & Y > 2. \end{cases}$$

(1) (X_1, X_2) 有四个可能取值:$(0,0),(0,1),(1,0),(1,1)$,且

$$P\{X_1 = 0, X_2 = 0\} = P\{Y \leqslant 1, Y \leqslant 2\} = P\{Y \leqslant 1\}$$
$$= F(1) = 1 - \mathrm{e}^{-1},$$
$$P\{X_1 = 0, X_2 = 1\} = P\{Y \leqslant 1, Y > 2\} = 0,$$

$$P\{X_1=1,X_2=0\}=P\{Y>1,Y\leqslant 2\}=P\{1<Y\leqslant 2\}$$
$$=F(2)-F(1)=\mathrm{e}^{-1}-\mathrm{e}^{-2},$$
$$P\{X_1=1,X_2=1\}=P\{Y>1,Y>2\}=P\{Y>2\}$$
$$=1-F(2)=\mathrm{e}^{-2}.$$

于是得到 X_1 和 X_2 的联合分布律为

X_1 \ X_2	0	1
0	$1-\mathrm{e}^{-1}$	0
1	$\mathrm{e}^{-1}-\mathrm{e}^{-2}$	e^{-2}

（2）显然，X_1,X_2 的分布律分别为

X_1	0	1
P	$1-\mathrm{e}^{-1}$	e^{-1}

X_2	0	1
P	$1-\mathrm{e}^{-2}$	e^{-2}

因此　　　　　　　　　　　　$E(X_1)=\mathrm{e}^{-1},E(X_2)=\mathrm{e}^{-2}.$

　　故　　　　　　　　$E(X_1+X_2)=E(X_1)+E(X_2)=\mathrm{e}^{-1}+\mathrm{e}^{-2}.$

　　【技巧】本题中若不求 X_1 与 X_2 的联合分布律，也可直接求出 $E(X_1+X_2)$，这是因为
$$E(X_1)=1\times P\{Y>1\}+0\times P\{Y\leqslant 1\}=P\{Y>1\}=\mathrm{e}^{-1},$$
而　　　　　　　　　　　　$E(X_2)=P\{Y>2\}=\mathrm{e}^{-2},$

因此　　　　　　$E(X_1+X_2)=E(X_1)+E(X_2)=\mathrm{e}^{-1}+\mathrm{e}^{-2}.$

　　不仅如此，我们还能求 X_1,X_2 其他函数的期望．例如求 $E(X_1 X_2)$，此时，由于
$$X_1 X_2=\begin{cases}1, & Y>2,\\ 0, & \text{其他}.\end{cases}$$

　　故　　　　$E(X_1 X_2)=1\times P\{Y>2\}+0\times P\{Y\leqslant 2\}=P\{Y>2\}=\mathrm{e}^{-2}.$

　　【例 4.16】设随机变量 (X,Y) 服从二维正态分布，其密度函数为
$$f(x,y)=\frac{1}{2\pi}\mathrm{e}^{-\frac{1}{2}(x^2+y^2)}.$$

求随机变量 $Z=\sqrt{X^2+Y^2}$ 的期望和方差．

　　【分析】利用随机变量函数的期望的求法进行计算．

　　【解】由于 $Z=\sqrt{X^2+Y^2}$，故
$$E(Z)=E(\sqrt{X^2+Y^2})=\int_{-\infty}^{+\infty}\int_{-\infty}^{+\infty}\sqrt{x^2+y^2}\cdot f(x,y)\mathrm{d}x\mathrm{d}y$$
$$=\frac{1}{2\pi}\int_{-\infty}^{+\infty}\int_{-\infty}^{+\infty}\sqrt{x^2+y^2}\mathrm{e}^{-\frac{x^2+y^2}{2}}\mathrm{d}x\mathrm{d}y.$$

令 $\begin{cases}x=r\cos\theta,\\ y=r\sin\theta,\end{cases}$ 则
$$E(Z)=\frac{1}{2\pi}\int_0^{2\pi}\mathrm{d}\theta\int_0^{+\infty}r\mathrm{e}^{-\frac{r^2}{2}}\cdot r\mathrm{d}r=\frac{1}{2\pi}\cdot 2\pi\left[-r\mathrm{e}^{-\frac{r^2}{2}}\Big|_0^{+\infty}+\int_0^{+\infty}\mathrm{e}^{-\frac{r^2}{2}}\mathrm{d}r\right]$$

$$= \int_0^{+\infty} e^{-\frac{r^2}{2}} dr = \sqrt{\frac{\pi}{2}}.$$

而

$$E(Z^2) = E(X^2 + Y^2) = \frac{1}{2\pi} \int_{-\infty}^{+\infty} \int_{-\infty}^{+\infty} (x^2 + y^2) e^{-\frac{x^2+y^2}{2}} dx dy$$

$$= \frac{1}{2\pi} \int_0^{2\pi} d\theta \int_0^{+\infty} r^2 e^{-\frac{r^2}{2}} \cdot r dr = 2 \int_0^{+\infty} r e^{-\frac{r^2}{2}} dr$$

$$= 2.$$

故

$$D(Z) = E(Z^2) - (E(Z))^2 = 2 - \frac{\pi}{2}.$$

【技巧】本题也可先求出 Z 的密度函数,再来求 Z 的期望与方差,但由于求 Z 的密度本身就是一繁琐的工作,因此,我们借助随机变量函数的期望公式来求解,在此公式中并不需要知道 Z 的分布,而只需直接计算一个二重积分即可. 因此,对随机变量函数的期望计算问题,除非它是一线性函数,或者 (X,Y) 为离散型随机变量,一般我们往往不直接去求这个函数的分布,而直接利用随机变量函数的期望计算公式来求解.

【例 4.17】设二维离散随机变量 (X,Y) 的分布列为

X＼Y	−1	0	1
−1	$\frac{1}{8}$	$\frac{1}{8}$	$\frac{1}{8}$
0	$\frac{1}{8}$	0	$\frac{1}{8}$
1	$\frac{1}{8}$	$\frac{1}{8}$	$\frac{1}{8}$

求 ρ_{XY},并问 X 与 Y 是否独立,为什么?

【分析】直接利用公式计算相关系数.

【解】X 与 Y 的边缘分布列分别为

X	−1	0	1
P	$\frac{3}{8}$	$\frac{2}{8}$	$\frac{3}{8}$

Y	−1	0	1
P	$\frac{3}{8}$	$\frac{2}{8}$	$\frac{3}{8}$

从而

$$E(X) = E(Y) = 0,$$

$$E(X^2) = E(Y^2) = (-1)^2 \times \frac{3}{8} + 0^2 \times \frac{2}{8} + 1^2 \times \frac{3}{8} = \frac{3}{4},$$

从而

$$D(X) = D(Y) = \frac{3}{4},$$

又由于

$$E(XY) = \sum_{i=1}^{3} \sum_{j=1}^{3} x_i y_j p_{ij} = \sum_{i=1}^{3} x_i \sum_{j=1}^{3} y_j p_{ij}$$

$$= (-1) \times \left[(-1) \times \frac{1}{8} + 0 \times \frac{1}{8} + 1 \times \frac{1}{8} \right] + 0 +$$

$$1 \times \left[(-1) \times \frac{1}{8} + 0 \times \frac{1}{8} + 1 \times \frac{1}{8} \right]$$

$$= 0.$$

所以

$$\text{Cov}(X,Y) = E(XY) - E(X)E(Y) = 0.$$

从而

$$\rho_{XY} = \frac{\text{Cov}(X,Y)}{\sqrt{D(X)} \cdot \sqrt{D(Y)}} = 0.$$

因为 $P\{X=-1, Y=-1\} = \frac{1}{8} \neq \frac{3}{8} \times \frac{3}{8} = P\{X=-1\}P\{Y=-1\}$，所以 X 与 Y 不独立.

【例 4.18】 设 A, B 是两随机事件，随机变量

$$X = \begin{cases} 1, & A \text{ 发生}, \\ -1, & A \text{ 不发生}. \end{cases} \qquad Y = \begin{cases} 1, & B \text{ 发生}, \\ -1, & B \text{ 不发生}. \end{cases}$$

试证明随机变量 X 和 Y 不相关的充分必要条件是 A 与 B 独立.

【分析】 本题的关键是计算 $E(XY)$，我们采用先求 XY 的分布律，而后再求 $E(XY)$ 的方法，这样的计算在离散型时是较为简单的.

【证明】 记 $P(A) = p_1, P(B) = p_2, P(AB) = p_{12}$，则 X, Y 的分布律分别为

X	-1	1
P	$1-P(A)$	$P(A)$

Y	-1	1
P	$1-P(B)$	$P(B)$

可见

$$E(X) = P(A) - (1-P(A)) = 2P(A) - 1 = 2p_1 - 1,$$
$$E(Y) = P(B) - (1-P(B)) = 2P(B) - 1 = 2p_2 - 1.$$

现在求 $E(XY)$，由于 XY 只有两个可能值 1 和 -1，故

$$\begin{aligned} P\{XY=1\} &= P\{X=1, Y=1\} + P\{X=-1, Y=-1\} \\ &= P\{AB\} + P\{\overline{A}\,\overline{B}\} = p_{12} + P\{\overline{A \cup B}\} \\ &= p_{12} + 1 - P\{A \cup B\} = p_{12} + 1 - P(A) - P(B) + P(AB) \\ &= 2p_{12} - p_1 - p_2 + 1, \end{aligned}$$

$$P\{XY=-1\} = 1 - P\{XY=1\} = p_1 + p_2 - 2p_{12}.$$

从而

$$E(XY) = P\{XY=1\} - P\{XY=-1\} = 4p_{12} - 2p_1 - 2p_2 + 1,$$
$$\text{Cov}(X,Y) = E(XY) - E(X)E(Y) = 4p_{12} - 4p_1 p_2.$$

因此，$\text{Cov}(X,Y) = 0$ 当且仅当 $p_{12} = p_1 p_2$，即 X 与 Y 不相关当且仅当 A 与 B 相互独立.

【技巧】 本题是二维离散随机变量协方差的综合题，在这个问题中，不相关恰好与独立是等价的. 一般情形下，没有这么好的性质. 本题的另一思路是求出 (X,Y) 的联合分布律，再用联合分布律直接计算 $E(XY)$ 和 $\text{Cov}(X,Y)$，这里

X \ Y	-1	1	$p_i.$
-1	$1-p_1-p_2+p_{12}$	p_2-p_{12}	$1-p_1$
1	p_1-p_{12}	p_{12}	p_1
$p._j$	$1-p_2$	p_2	1

那么,用随机变量函数的期望公式,仍可算出 $E(XY)$ 和 $\text{Cov}(X,Y)$.

【例 4.19】假设随机变量 X 和 Y 在圆域 $x^2+y^2 \leqslant r^2$ 上服从联合均匀分布.

(1) 求 X 和 Y 的相关系数 ρ_{XY}.

(2) 问 X 和 Y 是否独立?

【分析】求相关系数,应求出协方差;判断随机变量独立性,需求出它们的联合密度和边缘密度.

【解】(1) 由假设知,X 和 Y 的联合密度函数为

$$f(x,y)=\begin{cases}\dfrac{1}{\pi r^2}, & x^2+y^2 \leqslant r^2, \\ 0, & x^2+y^2 > r^2.\end{cases}$$

根据联合密度函数与边缘密度函数的关系,有

$$f_X(x)=\int_{-\infty}^{+\infty}f(x,y)\mathrm{d}y=\begin{cases}\displaystyle\int_{-\sqrt{r^2-x^2}}^{\sqrt{r^2-x^2}}\dfrac{1}{\pi r^2}\mathrm{d}y, & |x| \leqslant r \\ 0, & \text{其他}\end{cases}$$

$$=\begin{cases}\dfrac{2}{\pi r^2}\sqrt{r^2-x^2}, & |x| \leqslant r, \\ 0, & \text{其他};\end{cases}$$

$$f_Y(y)=\int_{-\infty}^{+\infty}f(x,y)\mathrm{d}x=\begin{cases}\dfrac{2}{\pi r^2}\sqrt{r^2-y^2}, & |y| \leqslant r, \\ 0, & \text{其他}.\end{cases}$$

注意到 $f_X(x)$,$f_Y(y)$ 均为偶函数,可得

$$E(X)=\int_{-r}^{r}x\,\frac{2}{\pi r^2}\sqrt{r^2-x^2}\mathrm{d}x=0,$$

$$E(Y)=\int_{-r}^{r}y\,\frac{2}{\pi r^2}\sqrt{r^2-y^2}\mathrm{d}y=0.$$

从而,有

$$\text{Cov}(X,Y)=E(XY)-E(X)E(Y)=E(XY)$$

$$=\int_{-\infty}^{+\infty}\int_{-\infty}^{+\infty}xyf(x,y)\mathrm{d}x\mathrm{d}y=\iint\limits_{x^2+y^2 \leqslant r^2}\frac{xy}{\pi r^2}\mathrm{d}x\mathrm{d}y=0.$$

于是

$$\rho_{XY}=\frac{\text{Cov}(X,Y)}{\sqrt{D(X)\cdot D(Y)}}=0.$$

(2) 因为在 $x^2+y^2 \leqslant r^2$ 上,

$$f(x,y)\neq f_X(x)\cdot f_Y(y),$$

所以随机变量 X 和 Y 不独立.

【例 4.20】 设随机变量 X 的概率密度为

$$f(x) = \frac{1}{2} e^{-|x|}, \quad -\infty < x < +\infty.$$

(1) 求 $E(X)$ 和 $D(X)$;

(2) 求 X 与 $|X|$ 的协方差,并问 X 与 $|X|$ 是否不相关?

(3) 问 X 与 $|X|$ 是否独立? 为什么?

【分析】 本题考查随机变量的独立性与不相关这两个不同的概念.

【解】 由于 X 的密度函数 $f(x) = \frac{1}{2} e^{-|x|}, \; -\infty < x < +\infty$ 是一偶函数. 从而有

(1) $E(X) = \displaystyle\int_{-\infty}^{+\infty} x f(x) \mathrm{d}x = 0,$

$$D(X) = E(X^2) - (E(X))^2 = E(X^2)$$
$$= \int_{-\infty}^{+\infty} x^2 f(x) \mathrm{d}x = 2 \int_{0}^{+\infty} x^2 \times \frac{1}{2} e^{-x} \mathrm{d}x$$
$$= 2.$$

(2) 由于 $\mathrm{Cov}(X, |X|) = E(X|X|) - E(X)E(|X|)$,而

$$E(X|X|) = \int_{-\infty}^{+\infty} x|x| f(x) \mathrm{d}x = \int_{-\infty}^{+\infty} x|x| \frac{1}{2} e^{-|x|} \mathrm{d}x = 0.$$

故　$\mathrm{Cov}(X, |X|) = 0$,可见 X 与 $|X|$ 不相关.

(3) 给定的 $0 < a < +\infty$,显然事件 $\{|X| \leqslant a\}$ 包含在事件 $\{X \leqslant a\}$ 内,且

$$P\{X \leqslant a\} < 1, P\{|X| \leqslant a\} > 0,$$

故　　　　　　　$P\{X \leqslant a, |X| \leqslant a\} = P\{|X| \leqslant a\}.$

但　　　　　　$P\{X \leqslant a\} P\{(|X| \leqslant a)\} < P\{|X| \leqslant a\}.$

从而　　　　$P\{X \leqslant a, |X| \leqslant a\} \neq P\{X \leqslant a\} P\{|X| \leqslant a\},$

因此,X 与 $|X|$ 不独立.

【技巧】 独立性的判别是本题的难点,然而,如果从随机变量独立性的直观意义去理解,由于 X 与 $|X|$ 的取值是有关联的,因此它们不会相互独立. 严格的数学论述则是基于独立性的定义,即 X 与 Y 相互独立的充要条件是对任给的两个数,都有

$$P\{X \leqslant x, Y \leqslant y\} = P\{X \leqslant x\} P\{Y \leqslant y\}.$$

因此,如果存在两个数 x_0, y_0,使

$$P\{X \leqslant x_0, Y \leqslant y_0\} \neq P\{X \leqslant x_0\} P\{Y \leqslant y_0\},$$

则说明 X 与 Y 不独立. 在本例中,对于 X 与 Y,存在 $x_0 = a, y_0 = a$,使

$$P\{X \leqslant a, Y \leqslant a\} \neq P\{X \leqslant a\} P\{Y \leqslant a\}.$$

所以,说明 X 与 $|X|$ 不独立. 注意,在本例中,希望大家不要从 X 与 $|X|$ 的联合密度的角度去证明其不独立,因这种方法在本题中将带来繁琐的计算.

第五章

大数定律与中心极限定理

一、基本要求

（1）理解依概率收敛的定义，了解契比雪夫不等式，了解契比雪夫大数定律、伯努利大数定律和辛钦大数定律成立的条件及结论. 大数定律多用于进行理论的论证或估计，一般不便于处理较为精确的概率问题. 理解契比雪夫大数定律和伯努利大数定律的证明过程.

（2）掌握中心极限定理的条件和结论，并会运用定理进行近似计算.

二、内容提要

1. 依概率收敛的定义

设 $\{X_n\}$ 为随机变量序列，a 为一个常数，如果对任给的正数 ε，有 $\lim\limits_{n\to\infty} P\{|X_n-a|\geqslant\varepsilon\}=0$，则称随机变量序列 $\{X_n\}$ 依概率收敛于 a，记为 $X_n \xrightarrow{P} a\,(n\to\infty)$.

2. 契比雪夫(Chebyshev)不等式

设随机变量 X 的数学期望 $E(X)=\mu$，方差 $D(X)=\sigma^2$，则对任意正数 ε，有不等式 $P\{|X-\mu|\geqslant\varepsilon\}\leqslant\dfrac{\sigma^2}{\varepsilon^2}$，或 $P\{|X-\mu|<\varepsilon\}>1-\dfrac{\sigma^2}{\varepsilon^2}$ 成立.

3. 大数定律

（1）契比雪夫大数定律：设 $X_1,X_2,\cdots,X_n$ 是相互独立的随机变量序列，数学期望 $E(X_i)$ 和方差 $D(X_i)$ 都存在，且 $D(X_i)\leqslant C(i=1,2,\cdots)$. 则对任意给定的 $\varepsilon>0$，有

$$\lim_{n\to\infty}P\left\{\left|\frac{1}{n}\sum_{i=1}^{n}[X_i-E(X_i)]\right|<\varepsilon\right\}=1.$$

契比雪夫大数定律指出：当 $n\to\infty$ 时，随机变量的算术平均与其数学期望的差依概率收敛于 0.

（2）伯努利(Bernoulli)大数定律：设 n_A 是 n 次重复独立试验中事件 A 发生的次数，p 是事件 A 在一次试验中发生的概率，则对于任意给定的 $\varepsilon>0$，有

$$\lim_{n \to \infty} P\left\{\left|\frac{n_A}{n} - p\right| < \varepsilon\right\} = 1.$$

伯努利大数定律指出:当 $n \to \infty$ 时,A 发生的频率 n_A/n 依概率收敛于 A 的概率,证明了频率的稳定性.值得注意的是,伯努利大数定律是契比雪夫大数定律的特例.

(3) 辛钦(Khinchine)大数定律:设 $\{X_n\}$ 为独立同分布的随机变量序列,且具有数学期望 $E(X_i) = \mu, i = 1, 2, \cdots$. 则

$$\frac{1}{n}\sum_{i=1}^{n} X_i \xrightarrow{P} \mu \quad (n \to \infty).$$

辛钦大数定律指出:当 $n \to \infty$ 时,随机变量的算术平均值依概率收敛于其期望.

4. 中心极限定理

独立同分布中心极限定理:设 $X_1, X_2, \cdots, X_n, \cdots$ 是独立同分布的随机变量序列,具有有限的数学期望 $E(X_i) = \mu$ 和方差 $D(X_i) = \sigma^2 (i = 1, 2, \cdots)$,则对任意实数 x,随机变量

$$Y_n = \frac{\sum_{i=1}^{n}(X_i - \mu)}{\sqrt{n}\sigma} = \frac{\sum_{i=1}^{n} X_i - n\mu}{\sqrt{n}\sigma}$$

的分布函数 $F_n(x)$ 满足

$$\lim_{n \to \infty} F_n(x) = \lim_{n \to \infty} P\{Y_n \leqslant x\} = \int_{-\infty}^{x} \frac{1}{\sqrt{2\pi}} e^{-t^2/2} dt,$$

即当 n 充分大时,Y_n 近似地服从标准正态分布.

三、疑难分析

1. 契比雪夫不等式的意义何在?

契比雪夫不等式的作用在于,在已知随机变量 X 的期望 $E(X)$、方差 $D(X)$ 的条件下,对 X 偏离其期望 $E(X)$ 的程度的概率估计,即 $P\{|X - E(X)| \geqslant \varepsilon\} \leqslant \dfrac{D(X)}{\varepsilon^2}$,该估计值与 $D(X)$ 和 ε 有关. 由于它未涉及随机变量 X 的分布,因而估计可能是粗略的. 例如,设随机变量 X 的数学期望 $E(X) = 0$,方差 $D(X) = 1$,则有 $P\{|X - 0| \geqslant 2\} \leqslant \dfrac{1}{2^2}$. 如果已知 X 的分布,比如 $X \sim N(0, 1)$,则有 $P\{|X - 0| \geqslant 2\} = 2[1 - \Phi(2)] = 0.0456 \leqslant \dfrac{1}{2^2}$.

2. 依概率收敛的意义是什么?

依概率收敛:随机变量序列 $\{X_n\}$ 依概率收敛于 a,记为 $X_n \xrightarrow{P} a(n \to \infty)$,其含义是 $\lim_{n \to \infty} P\{|X_n - a| < \varepsilon\} = 1$(或 $\lim_{n \to \infty} P\{|X_n - a| \geqslant \varepsilon\} = 0$). 即对于任给的 $\varepsilon > 0$,当 n 很大时,事件 $\{|X_n - a| < \varepsilon\}$ 发生的概率接近于 1. 但正因为是概率,所以不排除小概率事件 $\{|X_n - a| \geqslant \varepsilon\}$ 发生. 依概率收敛是不确定现象中关于收敛的一种说法,它不同于数列的收敛的概念. 比如随机变量序列 $\{X_n\}$ 依概率收敛于 1,其中 X_n 的概率函数为 $P\{X_n = 1\} = \dfrac{n-1}{n}$,$P\{X_n = 0\} = \dfrac{1}{n}(n = 1, 2, \cdots)$. 事实上,对任给的正数 $\varepsilon < 1$,有 $P\{|X_n - 1| < \varepsilon\} = P\{X_n = 1\} = \dfrac{n-1}{n} \to 1$

$(n→∞)$. 于是有

$$X_n \xrightarrow{P} 1 \ (n→∞),$$

但 X_n 始终在 0,1 两数之中取值. 这与数列的收敛是不同的. 我们知道, 数列 $\{a_n\}$ 是不收敛的, 其中当 $n=2^k$ 时, $a_n=0$; 当 $n≠2^k$ 时, $a_n=1$(其中 k 为自然数).

3. 大数定律在概率论中有何意义?

大数定律从理论上保证了用算术平均值代替均值、用频率代替概率的合理性, 它既验证了概率论中一些假设的合理性, 又为数理统计中用样本推断总体提供了理论依据. 所以说, 大数定律是概率论中最重要的基本定律.

4. 中心极限定理有何实际意义?

许多随机变量本身并不属于正态分布, 但它们的极限分布是正态分布. 中心极限定理阐明了在什么条件下, 原来未必属于正态分布的一些**随机变量和**的分布渐近地服从正态分布. 为我们利用正态分布来解决这类**随机变量和**的问题提供了理论依据.

5. 大数定律与中心极限定理有何异同?

相同点: 都是通过极限理论来研究概率问题, 研究对象都是随机变量序列, 解决的都是概率论中的基本问题, 因而在概率论中有重要意义. 不同点: 大数定律研究的是随机变量的算术平均值的极限值问题, 而中心极限定理则研究的是随机变量和的分布的极限分布.

四、典型例题

【例 5.1】在每次试验中, 事件 A 发生的概率为 0.5, 利用契比雪夫不等式估计: 在 1000 次试验中事件 A 发生的次数在 400 次至 600 次之间的概率.

【分析】设 1000 次试验中事件 A 发生的次数为 X, 则 X 服从参数为 $n=1000, p=0.5$ 的二项分布, 因而 $E(X)=np=500, D(X)=np(1-p)=250$. 再用契比雪夫不等式估计概率 $P\{400<X<600\}$.

【解】　在契比雪夫不等式 $P\{|X-E(X)|<\varepsilon\} \geqslant 1-\dfrac{D(X)}{\varepsilon^2}$ 中, 取 $\varepsilon=100$, 则事件 A 发生的次数在 400 次至 600 次之间的概率为

$$P\{400<X<600\}=P\{|X-500|<100\} \geqslant 1-\frac{250}{(100)^2}=0.975.$$

【例 5.2】如果随机变量 X 的概率密度为 $f(x)$, $g(x)>0(x>0)$ 为增函数且 $E[g(X)]$ 存在, 证明: 对任意 $\varepsilon>0$, 有

$$P\{|X| \geqslant \varepsilon\} \leqslant \frac{E[g(|X|)]}{g(\varepsilon)}.$$

【分析】所要证明的不等式中涉及 $P\{|X| \geqslant \varepsilon\}$ 和 $E[g(|X|)]$, 并注意 $g(x)$ 的单调性. 利用契比雪夫不等式的证明方法.

【证明】由于函数 $y=g(x)$ 在 $(0,+\infty)$ 内单调递增, 故 $|x| \geqslant \varepsilon$ 等价于 $g(|x|) \geqslant g(\varepsilon)$, 因此

$$P\{|X| \geqslant \varepsilon\}=\int_{|x| \geqslant \varepsilon} f(x)\mathrm{d}x=\int_{g(|x|) \geqslant g(\varepsilon)} f(x)\mathrm{d}x$$

$$\leqslant \int_{g(|x|)\geqslant g(\varepsilon)} \frac{g(|x|)}{g(\varepsilon)} \cdot f(x)\mathrm{d}x$$

$$\leqslant \frac{1}{g(\varepsilon)}\int_{-\infty}^{+\infty} g(|x|)f(x)\mathrm{d}x = \frac{1}{g(\varepsilon)}E[g(|X|)].$$

【技巧】证明中的关键一步是对被积函数乘以不小于 1 的因子 $\dfrac{g(|x|)}{g(\varepsilon)}$，使等式变为不等式. 此题实际上是考查契比雪夫不等式的证明.

【例 5.3】设随机变量 X 的数学期望 $E(X)=\mu$，证明：对任意正数 ε，有不等式

$$P\{|X-\mu|\geqslant\varepsilon\}\leqslant\frac{E|X-\mu|}{\varepsilon}.$$

【分析】这里的随机变量并未说明是离散型还是连续型，我们可以分别就两种情形证明之（请读者试证）. 下面我们给出统一性证明，其关键引入一个函数（通常称为示性函数）.

【证明】定义函数 $I_A(x)=\begin{cases}1, & x\in A, \\ 0, & x\notin A,\end{cases}$ 于是有

$$P\{|X-\mu|\geqslant\varepsilon\} = E[I_{\{X:|X-\mu|\geqslant\varepsilon\}}(X)]$$

$$\leqslant E\left[\frac{|X-\mu|}{\varepsilon}I_{\{X:|X-\mu|\geqslant\varepsilon\}}(X)\right]\leqslant\frac{E|X-\mu|}{\varepsilon}.$$

【技巧】证明中的关键一步是运用等式 $P\{|X-\mu|\geqslant\varepsilon\}=E[I_{\{X:|X-\mu|\geqslant\varepsilon\}}(X)]$.

【例 5.4】设随机变量 $X_1,X_2,\cdots,X_n,\cdots$ 相互独立，且 $E(X_i)=0,D(X_i)=\sigma^2$，又 $E(X_i^4)$ 存在且 $E(X_i^4)\leqslant C(i=1,2,\cdots)$. 试证明：对任意 $\varepsilon>0$，有

$$\lim_{n\to\infty}\left(\left|\frac{1}{n}\sum_{i=1}^n X_i^2-\sigma^2\right|<\varepsilon\right)=1.$$

【分析】类似于契比雪夫大数定律的证明，关键是否有 $D\left(\dfrac{1}{n}\sum_{i=1}^n X_i^2\right)\to 0(n\to\infty)$.

【证明】由于 $X_i^2(i=1,2,\cdots)$ 的期望为

$$E(X_i^2)=D(X_i)+(E(X_i))^2=\sigma^2,$$

令 X_i^2 的方差为 δ_i^2，则

$$\delta_i^2=D(X_i^2)=E(X_i^4)-(E(X_i)^2)^2\leqslant C-\sigma^4.$$

由于 $X_i^2(i=1,2,\cdots)$ 仍相互独立，故 $\dfrac{1}{n}\sum_{i=1}^n X_i^2$ 的期望和方差分别为

$$E\left(\frac{1}{n}\sum_{i=1}^n X_i^2\right)=\sigma^2,D\left(\frac{1}{n}\sum_{i=1}^n X_i^2\right)\leqslant\frac{C-\sigma^4}{n}.$$

对 $\dfrac{1}{n}\sum_{i=1}^n X_i^2$ 应用契比雪夫不等式知

$$P\left\{\left|\frac{1}{n}\sum_{i=1}^n X_i^2-\sigma^2\right|\geqslant\varepsilon\right\}\leqslant\frac{C-\sigma^4}{n\varepsilon^2}.$$

所以

$$\lim_{n\to\infty}P\left\{\left|\frac{1}{n}\sum_{i=1}^n X_i^2-\sigma^2\right|<\varepsilon\right\}=1.$$

【点评】本题是考查契比雪夫大数定律的证明技巧. 本结论的另一种写法为：$\dfrac{1}{n}\sum_{i=1}^n X_i^2$

$\xrightarrow{P} \sigma^2$，即样本二阶原点矩依概率收敛于总体二阶原点矩.这是统计中的一个重要结论.

【例 5.5】 设随机变量 $X_1, X_2, \cdots, X_n, \cdots$ 独立同分布,且对于自然数 $k \geqslant 1$ 有 $E(X_i^k) = \mu_k$ $(i = 1, 2, \cdots)$.试证明:对任意 $\varepsilon > 0$,有

$$\frac{1}{n} \sum_{i=1}^{n} X_i^k \xrightarrow{P} \mu_k \quad (n \to \infty).$$

【分析】 当 $k = 1$ 时,此例所述的就是辛钦大数定律,辛钦大数定律的条件是**独立相同分布且数学期望存在**.

【证明】 由于 $X_i (i = 1, 2, \cdots)$ 独立同分布,所以 $X_i^k (i = 1, 2, \cdots)$ 独立同分布,且 $E(X_i^k) = \mu_k$ $(i = 1, 2, \cdots)$.由辛钦大数定律知

$$\frac{1}{n} \sum_{i=1}^{n} X_i^k \xrightarrow{P} \mu_k \quad (n \to \infty).$$

【例 5.6】 (2001 年考研题)设随机变量 X 和 Y 的数学期望分别为 -2 和 2,方差分别为 1 和 4,而相关系数为 -0.5.则根据契比雪夫不等式估计 $P\{|X+Y| \geqslant 6\}$.

【分析】 这里涉及两个随机变量,但我们把 $X+Y$ 看成一个随机变量.先由已知条件计算 $X+Y$ 的数学期望和方差,然后再利用契比雪夫不等式进行估计.

【解】 令 $Z = X + Y$,则 $E(Z) = E(X) + E(Y) = 0$,
$$\begin{aligned} D(Z) &= D(X) + D(Y) + 2\rho \sqrt{D(X)D(Y)} \\ &= 1 + 4 + 2 \times (-0.5) \times 1 \times 2 = 3, \end{aligned}$$
由契比雪夫不等式有

$$P\{|X+Y| \geqslant 6\} = P\{|Z - E(Z)| \geqslant 6\} \leqslant \frac{D(Z)}{6^2} = \frac{1}{12}.$$

【例 5.7】 设随机变量 $X_1, X_2, \cdots, X_n$ 独立同分布,且 $E(X_1) = \mu, D(X_1) = 8$.写出对于 $\overline{X} = \frac{1}{n} \sum_{i=1}^{n} X_i$ 所满足的契比雪夫不等式,并估计 $P\{|\overline{X} - \mu| < 4\}$.

【分析】 要写出所满足的契比雪夫不等式,只需求出 $\overline{X}$ 的期望与方差,代入契比雪夫不等式即可.

【解】 因为 $X_1, X_2, \cdots, X_n$ 独立同分布,且 $E(X_1) = \mu, D(X_1) = 8$,所以

$$E(\overline{X}) = \frac{1}{n} \sum_{i=1}^{n} E(X_i) = \mu, \quad D(\overline{X}) = \frac{1}{n^2} \sum_{i=1}^{n} D(X_i) = \frac{8}{n}.$$

于是,$\overline{X}$ 所满足的契比雪夫不等式为

$$P\{|\overline{X} - \mu| \geqslant \varepsilon\} \leqslant \frac{D(\overline{X})}{\varepsilon^2} = \frac{8}{n\varepsilon^2}.$$

令 $\varepsilon = 4$,由契比雪夫不等式得

$$P\{|\overline{X} - \mu| < 4\} > 1 - \frac{D(\overline{X})}{4^2} = 1 - \frac{1}{2n}.$$

【例 5.8】 $X_1, X_2, \cdots, X_n, \cdots$ 相互独立,它们满足大数定律,则 X_i 的分布可以是(　　).

(A) $P\{X_i = m\} = \frac{c}{m^3}, m = 1, 2, \cdots$

(B) X_i 服从参数为 $\frac{1}{i}$ 的指数分布

(C) X_i 服从参数为 i 的泊松分布

(D) X_i 的密度函数为 $f(x) = \dfrac{1}{\pi(1+x^2)}$

【分析】只要判断此序列是否独立同分布,且数学期望存在;或独立但分布不同,而数学期望、方差均存在,且方差一致有界即可.

【解】选(A).因为(A)中序列 $\{X_i\}$ 独立同分布,且 $E(|X_i|) = \sum\limits_{m=1}^{\infty} |m| \times \dfrac{c}{m^3} < +\infty$,所以 $E(X_i)$ 存在.(D)中序列 $\{X_i\}$ 独立同分布,但 $E(|X_i|) = \int_{-\infty}^{+\infty} |x| f(x) \mathrm{d}x = +\infty$,所以 $E(X_i)$ 不存在.(B)、(C)中序列 $\{X_i\}$ 独立不同分布,且(B)中 $D(X_i) = i^2$,(C)中 $D(X_i) = i$,均是关于 i 的无界函数.

【例 5.9】设随机变量序列 $X_1, X_2, \cdots, X_n, \cdots$ 独立同分布,且 $E(X_1) = 0$.求 $\lim\limits_{n \to \infty} P\left\{ \sum\limits_{i=1}^{n} X_i < n \right\}$.

【分析】求随机事件概率的极限,可用大数定律,或先求概率再求极限,这里的概率 $P\left\{ \sum\limits_{i=1}^{n} X_i < n \right\}$ 不好计算.由于随机变量序列 $X_1, X_2, \cdots, X_n, \cdots$ 独立同分布,且 $E(X_1) = 0$,满足辛钦大数定律的条件,所以可用辛钦大数定律解决.

【解】由于随机变量序列 $X_1, X_2, \cdots, X_n, \cdots$ 独立同分布,且 $E(X_1) = 0$,由辛钦大数定律得

$$\frac{1}{n} \sum_{i=1}^{n} X_i \xrightarrow{P} 0 (n \to \infty),$$

即对于任意给定正数 ε,有

$$\lim_{n \to \infty} P\left\{ \left| \frac{1}{n} \sum_{i=1}^{n} X_i - 0 \right| \geqslant \varepsilon \right\} = 0.$$

从而有

$$\lim_{n \to \infty} P\left\{ \left| \frac{1}{n} \sum_{i=1}^{n} X_i - 0 \right| \geqslant 1 \right\} = 0,$$

进一步有

$$\lim_{n \to \infty} P\left\{ \frac{1}{n} \sum_{i=1}^{n} X_i \geqslant 1 \right\} = 0,$$

故有

$$\lim_{n \to \infty} P\left\{ \sum_{i=1}^{n} X_i < n \right\} = \lim_{n \to \infty} P\left\{ \frac{1}{n} \sum_{i=1}^{n} X_i < 1 \right\} = 1.$$

【例 5.10】一本书共有 100 万个印刷符号.排版时每个符号被排错的概率为 0.0001,校对时每个排版错误被改正的概率为 0.9,求校对后错误不多于 15 个的概率.

【思路】根据题意构造一个独立同分布的随机变量序列,具有有限的数学期望和方差,然后建立一个标准化的随机变量,应用中心极限定理求得结果.

【解】 设 X_i 为第 i 个印刷符号校对后仍是错误的个数($i = 1, \cdots, 10^6$),其分布列为
$$P\{X_i = 1\} = 0.0001 \times 0.1 = 10^{-5}, \quad P\{X_i = 0\} = 1 - 10^{-5}.$$
则 $X_n (n \geqslant 1)$ 是独立同分布随机变量序列,且有 $E(X_n) = 1 \times 10^{-5} = 10^{-5}$,$D(X_n) = $

$10^{-5}(1-10^{-5})$，于是 100 万个印刷符号校对后错误总数可表示为 $\sum\limits_{i=1}^{10^6} X_i$，由中心极限定理

知，$\dfrac{\sum\limits_{i=1}^{10^6} X_i - E\left[\sum\limits_{i=1}^{10^6} X_i\right]}{\sqrt{D\left[\sum\limits_{i=1}^{10^6} X_i\right]}}$ 近似地服从标准正态分布. 从而有

$$P\left\{\sum_{i=1}^{10^6} X_i \leqslant 15\right\} = P\left\{\frac{\sum\limits_{i=1}^{10^6} X_i - E\left[\sum\limits_{i=1}^{10^6} X_i\right]}{\sqrt{D\left[\sum\limits_{i=1}^{10^6} X_i\right]}} \leqslant \frac{15 - E\left[\sum\limits_{i=1}^{10^6} X_i\right]}{\sqrt{D\left[\sum\limits_{i=1}^{10^6} X_i\right]}}\right\}$$

$$= \Phi\{5/[10^3 \sqrt{10^{-5}(1-10^{-5})}]\} \approx \Phi(1.58) \approx 0.9495.$$

【例 5.11】计算器在进行加法时，将每一加数舍入最靠近它的整数. 设所有舍入误差是独立的，且在 $(-0.5, 0.5)$ 上服从均匀分布. 若将 1500 个数相加，问误差总和的绝对值超过 15 的概率是多少？

【思路】构造一随机变量序列，并对它们的和进行标准化，利用中心极限定理，来进行近似计算.

【解】设第 i 个加数的舍入误差为 $X_i(i=1,2,\cdots,1500)$. 由题设知，这些随机变量独立同分布，且 $X_i \sim U(-0.5, 0.5)$，因此，$E(X_i)=0$，$D(X_i)=\dfrac{(0.5+0.5)^2}{12}=\dfrac{1}{12}$. 于是，1500 个数相加的误差总和可表示为 $\sum\limits_{i=1}^{1500} X_i$，从而由中心极限定理知

$$\frac{\sum\limits_{i=1}^{1500} X_i - E\left[\sum\limits_{i=1}^{1500} X_i\right]}{\sqrt{D\left(\sum\limits_{i=1}^{1500} X_i\right)}} = \frac{\sum\limits_{i=1}^{1500} X_i - 1500 \times 0}{\sqrt{1500 \times \dfrac{1}{12}}} \overset{\cdot}{\sim} N(0,1) （近似地服从），$$

从而

$$P\left\{\left|\sum_{i=1}^{1500} X_i\right| > 15\right\} = 1 - P\left\{\left|\sum_{i=1}^{1500} X_i\right| \leqslant 15\right\} = 1 - P\left\{-15 \leqslant \sum_{i=1}^{1500} X_i \leqslant 15\right\}$$

$$= 1 - P\left\{\frac{-15}{\sqrt{125}} \leqslant \frac{\sum\limits_{i=1}^{1500} X_i}{\sqrt{125}} \leqslant \frac{15}{\sqrt{125}}\right\} \approx 1 - \left[\Phi\left(\frac{3}{\sqrt{5}}\right) - \Phi\left(-\frac{3}{\sqrt{5}}\right)\right]$$

$$= 2 - 2\Phi\left(\frac{3}{\sqrt{5}}\right).$$

即误差总和的绝对值超过 15 的概率约为 $2-2\Phi\left(\dfrac{3}{\sqrt{5}}\right)=0.1802$.

【例 5.12】设 $a_n = \sum\limits_{m=0}^{n} \dfrac{n^m}{m!}\mathrm{e}^{-n}$，求证：$\lim\limits_{n\to\infty} a_n = 0.5$.

【分析】由 $\sum_{m=0}^{n} \dfrac{n^m}{m!} \mathrm{e}^{-n}$ 我们联想起参数为 n 的泊松分布列,以及泊松分布具有可加性.

【证明】设随机变量序列 $X_1, X_2, \cdots, X_n$ 相互独立同分布于参数为 1 的泊松分布,记 $T_n = X_1 + X_2 + \cdots + X_n$,由泊松分布的可加性知,$T_n$ 服从参数为 n 的泊松分布. 于是有

$$P\{T_n = m\} = \frac{n^m}{m!} \mathrm{e}^{-n}, \quad E(T_n) = D(T_n) = n.$$

由中心极限定理得

$$a_n = \sum_{m=0}^{n} \frac{n^m}{m!} \mathrm{e}^{-n} = P\{T_n \leqslant n\} = P\{X_1 + X_2 + \cdots + X_n \leqslant n\}$$

$$= P\left\{ \frac{\sum_{i=1}^{n} X_i - n}{\sqrt{n}} \leqslant 0 \right\} \to 0.5 \quad (n \to \infty).$$

第六章

数理统计的基本概念

一、基本要求

(1) 理解总体、简单随机样本和统计量的概念,掌握常用统计量和样本数字特征——样本均值、样本方差和样本矩的概念及其基本性质.

(2) 了解统计推断常用的 χ^2 分布、t 分布、F 分布的定义,会用相应的分位数.

(3) 了解正态总体的常用抽样分布:正态分布、χ^2 分布、t 分布、F 分布.

(4) 了解"经验分布函数"的概念及其基本性质,会根据统计数据求经验分布函数.

二、内容提要

(一) 总体与样本

1. 总体

所研究对象的某数量指标的全体称为总体. 把该数量指标的观测值的分布看作某随机变量 X 的分布,也称之为总体 X 的分布;称 X 的数字特征为总体 X 的数字特征.

2. 抽样

对于总体 X 的 n 次独立重复观测,称作自总体 X 的 n 次简单随机抽样.

3. 样本

称 n 个独立并与总体 X 同分布的随机变量 $(X_1, X_2, \cdots, X_n)$ 为来自总体 X 的一个简单随机样本,简称为样本;对总体 X 的 n 次抽样所得到的观测值 $(x_1, x_2, \cdots, x_n)$ 称为样本 $(X_1, X_2, \cdots, X_n)$ 的观测值,也称为样本值;样本中所含观测值的个数 n 称为样本容量. 简单地说,样本指一组随机变量,样本值指一组具体的统计数据,样本容量指观测值或数据个数.

样本 $X_1, X_2, \cdots, X_n$ 的联合概率分布,称作样本的概率分布.

(二)直方图和经验分布函数

1. 直方图

设 $X_1, X_2, \cdots, X_n$ 为来自总体 X 的一个样本,$x_1, x_2, \cdots, x_n$ 为其样本值,如何根据样本

值 $x_1, x_2, \cdots, x_n$ 近似地求出 X 的概率密度(或分布函数)呢? 一般来说,总体 X 的概率密度(或分布函数)是未知的,但样本值 $x_1, x_2, \cdots, x_n$ 中包含了总体 X 的分布的信息. 因此,一个直观的办法是将实轴划分为若干小区间,记下诸观察值 x_i 落在每个小区间的个数. 由大数定律知,频率趋近于概率,从这些个数来推断总体 X 在每一个小区间上的密度. 具体做法如下.

(1) 将样本值 $x_1, x_2, \cdots, x_n$ 进行从小到大排序,记为 $x_{(1)} \leqslant x_{(2)} \leqslant \cdots \leqslant x_{(n)}$. 取 a 略小于 $x_{(1)}$,b 略大于 $x_{(n)}$.

(2) 将区间 $[a, b]$ 等分成 m 个小区间($m < n$),设分点为 $a = t_0 < t_1 < t_2 < \cdots < t_m = b$. 在分小区间时,注意每个小区间中都要有若干个观察值.

(3) 记 n_j 为落在小区间 $(t_{j-1}, t_j]$ 中观察值的个数(频数),计算频率 $f_j = \dfrac{n_j}{n}$,列表分别记下各个小区间的频数、频率.

(4) 在直角坐标系的横轴上,标出 $t_0, t_1, t_2, \cdots, t_m$ 各点,分别以 $(t_{j-1}, t_j]$ 为底边,作高为 $\dfrac{f_j}{\Delta t_j}$(或 n_j,或 $\dfrac{n_j}{n}$)的矩形,即得概率密度直方图(或频数直方图,或频率直方图),其中 $\Delta t_j = t_j - t_{j-1} = \dfrac{b-a}{m}$,$j = 1, 2, \cdots, m$.

事实上,我们就是用概率密度直方图所对应的分段函数

$$\varphi_n(x) = \frac{f_j}{\Delta t_j}, \quad x \in (t_{j-1}, t_j], j = 1, 2, \cdots, m$$

来近似总体的密度函数 $f(x)$,这样做合理吗? 为此,我们引入随机变量

$$\xi_i = \begin{cases} 1, & X_i \in (t_{j-1}, t_j], \\ 0, & X_i \notin (t_{j-1}, t_j], \end{cases} \quad i = 1, 2, \cdots, n,$$

则 $\xi_i (i = 1, 2, \cdots, n)$ 独立同分布于 $0-1$ 分布:

$$P\{\xi_i = x\} = p^x (1-p)^{1-x}, \quad x = 0, 1,$$

其中 $p = P\{X \in (t_{j-1}, t_j]\}$. 由辛钦大数定律知

$$\frac{1}{n} \sum_{i=1}^{n} \xi_i \xrightarrow{P} E(\xi_1) = p = P\{X \in (t_{j-1}, t_j]\} = \int_{t_{j-1}}^{t_j} f(x) \mathrm{d}x \quad (x \to \infty).$$

而 $f_j = \dfrac{n_j}{n}$ 为 $\dfrac{1}{n} \sum_{i=1}^{n} \xi_i$ 的观测值,所以

$$f_j = \frac{n_j}{n} \approx \int_{t_{j-1}}^{t_j} f(x) \mathrm{d}x.$$

于是当 n 充分大时,就可用 f_j 近似代替以 $f(x)(x \in (t_{j-1}, t_j])$ 为曲边的曲边梯形的面积,而且若 m 较大时,就可用小矩形的高度 $\varphi_n(x) = \dfrac{f_j}{\Delta t_j}$ 来近似取代 $f(x)$,$x \in (t_{j-1}, t_j]$.

2. 经验分布函数

对于总体 X 的分布函数 $F(x)$(未知),设有它的样本值 $x_1, x_2, \cdots, x_n$,我们同样可以从样本值出发找到一个已知量来近似它,这就是**经验分布函数**:

$$F_n(x) = \begin{cases} 0, & x < x_{(1)}, \\ \dfrac{k}{n}, & x_{(k)} \leqslant x < x_{(k+1)}, k = 1, 2, \cdots, n-1, \\ 1, & x > x_{(n)}, \end{cases}$$

其中 $x_{(1)} \leqslant x_{(2)} \leqslant \cdots \leqslant x_{(n)}$ 为样本值 $x_1, x_2, \cdots, x_n$ 的从小到大排序.

（三）统计量

在实际中，统计量就是由统计数据计算得来的量. 数学上，**统计量**是关于样本 $(X_1, X_2, \cdots, X_n)$ 的函数：$T = f(X_1, X_2, \cdots, X_n)$. 统计量中不含任何未知参数. 作为随机样本的函数，统计量也是随机变量. 样本的数字特征和顺序统计量都是最常用的统计量. 统计量是统计分析和统计推断的重要工具.

顺序统计量：将样本 $(X_1, X_2, \cdots, X_n)$ 的 n 个观测值 $(x_1, x_2, \cdots, x_n)$ 按其数值从小到大的顺序排列（记为 $x_{(1)} \leqslant x_{(2)} \leqslant \cdots \leqslant x_{(n)}$），将它们视为随机变量

$$X_{(1)} \leqslant X_{(2)} \leqslant \cdots \leqslant X_{(n)}$$

的观测值. 随机变量 $X_{(k)}$（$k = 1, 2, \cdots, n$）称作第 k 顺序统计量，其中

$$X_{(1)} = \min\{X_1, X_2, \cdots, X_n\}, \quad X_{(n)} = \max\{X_1, X_2, \cdots, X_n\}.$$

注意，对于简单随机样本 $(X_1, X_2, \cdots, X_n)$，各个观测值 $X_1, X_2, \cdots, X_n$ 是独立并且与总体 X 同分布的随机变量，然而 $X_{(1)}, X_{(2)}, \cdots, X_{(n)}$ 既不独立也不同分布.

数学期望（均值）、方差和标准差、矩等，是总体 X 的最重要的数字特征. 设 $(X_1, X_2, \cdots, X_n)$ 是来自总体 X 的样本，则相应样本的数字特征定义如下.

样本均值：$\overline{X} = \dfrac{1}{n} \sum\limits_{i=1}^{n} X_i$；

样本方差：$S^2 = \dfrac{1}{n-1} \sum\limits_{i=1}^{n} (X_i - \overline{X})^2$；

样本 k 阶原点矩：$A_k = \dfrac{1}{n} \sum\limits_{i=1}^{n} X_i^k$；

样本 k 阶中心矩：$B_k = \dfrac{1}{n} \sum\limits_{i=1}^{n} (X_i - \overline{X})^k$.

它们的观测值分别记为

$$\overline{x} = \frac{1}{n} \sum_{i=1}^{n} x_i;$$

$$s^2 = \frac{1}{n-1} \sum_{i=1}^{n} (x_i - \overline{x})^2;$$

$$a_k = \frac{1}{n} \sum_{i=1}^{n} x_i^k;$$

$$b_k = \frac{1}{n} \sum_{i=1}^{n} (x_i - \overline{x})^k.$$

称 $S = \sqrt{S^2}$ 为样本标准差. 一阶样本原点矩 $A_1 = \overline{X}$ 就是样本均值.

（四）抽样分布

1. χ^2 分布

设随机变量 $X_1, X_2, \cdots, X_n \sim N(0, 1)$，且相互独立，记 $\chi^2 = X_1^2 + X_2^2 + \cdots + X_n^2$，则称随机变量 χ^2 所服从的分布为**自由度为 n 的 χ^2 分布**，记为 $\chi^2 \sim \chi^2(n)$. χ^2 分布的概率密度函数

$f(x)$ 的图像如图 6.1 所示. $f(x)$ 随 n 取不同值而不同.

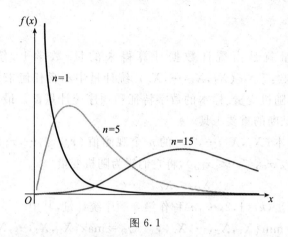

图 6.1

χ^2 分布具有下列性质.

(1) 若 $\chi^2 \sim \chi^2(n)$，则 $E(\chi^2) = n, D(\chi^2) = 2n$.

(2) (χ^2 分布的可加性) 若 $\chi_1^2 \sim \chi^2(n_1), \chi_2^2 \sim \chi^2(n_2)$，且相互独立，则

$$\chi_1^2 + \chi_2^2 \sim \chi^2(n_1 + n_2).$$

(3) 若对于给定数 $\alpha(0 < \alpha < 1)$，存在数 $\chi_\alpha^2(n)$ 使

$$\int_{\chi_\alpha^2(n)}^{+\infty} f(x)\mathrm{d}x = \alpha.$$

并称 $\chi_\alpha^2(n)$ 为 $\chi^2(n)$ 分布的**上侧 α 分位点**（或**上侧 α 分位数**），如图 6.2 所示.

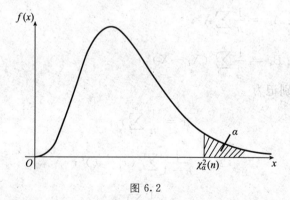

图 6.2

2. t 分布

设随机变量 X, Y 相互独立，且 $X \sim N(0,1)$，$Y \sim \chi^2(n)$，称随机变量 $T = X \Big/ \sqrt{\dfrac{Y}{n}}$ 所服从的分布为**自由度为 n 的 t 分布**（学生分布），记为 $T \sim t(n)$. t 分布的概率密度函数的图像如图 6.3 所示.

显然，$f(x)$ 随 n 不同而不同，且 $f(x)$ 为偶函数. 当 $n \to \infty$ 时，有

$$\lim_{n \to \infty} f(x) = \frac{1}{\sqrt{2\pi}} \mathrm{e}^{-\frac{x^2}{2}},$$

即当 $n \to \infty$ 时，t 分布密度趋于标准正态分布密度.

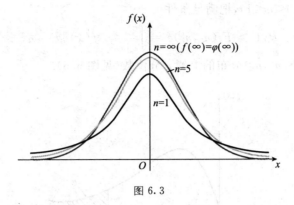

图 6.3

对于给定的数 $\alpha(0<\alpha<1)$，满足条件

$$P\{T>t_\alpha(n)\}=\int_{t_\alpha(n)}^{+\infty}f(x)\mathrm{d}x=\alpha$$

的数 $t_\alpha(n)$ 称为 $t(n)$ 分布的**上侧 α 分位点**（或**上侧 α 分位数**）（见图 6.4）.

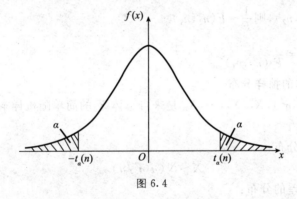

图 6.4

因为 $f(-x)=f(x)$，故有 $\int_{-t_\alpha(n)}^{+\infty}f(x)\mathrm{d}x=1-\alpha$，所以

$$t_{1-\alpha}(n)=-t_\alpha(n).$$

3. F 分布

设随机变量 U,V 相互独立，且 $U\sim\chi^2(n_1)$，$V\sim\chi^2(n_2)$，则称随机变量 $F=\dfrac{U}{n_1}\Big/\dfrac{V}{n_2}$ 所服从的分布为**自由度为** (n_1,n_2)**的** F **分布**，记 为 $F\sim F(n_1,n_2)$.

F 分布的概率密度函数的图像随 n_1,n_2 取值不同而不同（见图 6.5）.

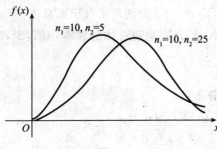

图 6.5

对于给定的数 $\alpha(0<\alpha<1)$,把满足条件

$$P\{F>F_\alpha(n_1,n_2)\} = \int_{F_\alpha(n_1,n_2)}^{+\infty} f(x)\mathrm{d}x = \alpha$$

的数 $F_\alpha(n_1,n_2)$ 称为 $F(n_1,n_2)$ 分布的上侧 α 分位数(见图 6.6).

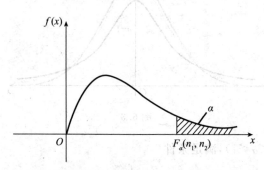

图 6.6

F 分布具有下列性质.

(1) 若 $F\sim F(n_1,n_2)$,则 $\dfrac{1}{F}\sim F(n_2,n_1)$.

(2) $F_{1-\alpha}(n_1,n_2)=\dfrac{1}{F_\alpha(n_2,n_1)}$.

4. 一个正态总体的抽样分布

设总体 $X\sim N(\mu,\sigma^2)$,$X_1,X_2,\cdots,X_n$ 是来自总体 X 的简单随机样本,$\overline{X}$ 和 S^2 相应为样本均值和样本方差.

(1) 样本均值的分布:

$$\overline{X}\sim N(\mu,\sigma^2/n).$$

(2) 有关样本方差的分布:

$$\chi^2 = \frac{(n-1)S^2}{\sigma^2} = \frac{1}{\sigma^2}\sum_{i=1}^{n}(X_i-\overline{X})^2 \sim \chi^2(n-1)$$

服从自由度 $\nu=n-1$ 的 χ^2 分布.

(3) 有关样本均值和样本方差的分布:

样本均值 $\overline{X}$ 和样本方差 S^2 相互独立(这是正态总体特有的性质)且有

$$T=\frac{\overline{X}-\mu}{S/\sqrt{n}}=\sqrt{n}\frac{\overline{X}-\mu}{S}\sim t(n-1) \quad (\text{参见 } t \text{ 分布的定义}).$$

5. 两个正态总体的抽样分布

设 $X_1,X_2,\cdots,X_{n_1}$ 与 $Y_1,Y_2,\cdots,Y_{n_2}$ 分别是来自正态总体 $N(\mu_1,\sigma^2)$ 和 $N(\mu_2,\sigma^2)$ 的样本,且这两个样本相互独立. 记 $\overline{X},\overline{Y}$ 分别是两总体的样本均值,S_1^2,S_2^2 分别是两总体的样本方差,$S_w^2=\dfrac{(n_1-1)S_1^2+(n_2-1)S_2^2}{n_1+n_2-2}$.

(1) 样本均值差的抽样分布:

$$\frac{(\overline{X}-\overline{Y})-(\mu_1-\mu_2)}{S_w\sqrt{\dfrac{1}{n_1}+\dfrac{1}{n_2}}}\sim t(n_1+n_2+2).$$

（2）样本方差比的分布：

$$F = \frac{S_1^2}{S_2^2} \sim F(n_1-1, n_2-1).$$

三、典型例题

【例 6.1】在齿轮加工中，齿轮的径向综合误差 X 是个随机变量，今对 200 件同样的齿轮进行测量，测得 X 的数值如下，求作 X 的频数直方图、频率直方图、概率密度直方图.

16	25	19	20	25	33	21	23	20	21	25	17	15	21	22	26	15	23	22	21
20	14	16	11	14	23	18	17	27	31	21	24	16	19	23	26	17	14	30	21
18	16	18	19	20	22	19	22	18	22	26	23	21	13	11	19	23	18	24	28
13	11	25	15	17	24	22	16	12	13	11	9	15	18	21	15	12	17	13	
14	25	16	10	8	23	18	11	16	28	13	21	22	12	8	15	21	18	16	16
19	28	19	12	14	19	20	21	23	21	20	21	11	15	18	24	16	28		
19	15	13	22	14	16	24	20	20	18	20	14	13	20	29	21	26	14	18	
18	18	18	21	16	24	32	16	19	15	18	16	12	16	26	18	30			
8	11	18	27	23	11	22	22	23	20	14	22	18	26	18	16	32	27	25	24
17	17	20	31	16	20	20	30	19	23	18	20	15	24	28	29	16	17	19	18

【解】样本观察值最小为 8，最大为 33，取 $a=7.5$，$b=33.5$. 将区间 $[7.5, 33.5]$ 等分为 13 个小区间，统计落在每个小区间的样本观察值的频数 n_j 和频率 $f_j=n_j/n$ 及 $f_j/\Delta t_j$，得到表 6.1. 以每个小区间 $(t_{j-1}, t_j]$ 为底，分别以 n_j，$f_j=n_j/n$，$f_j/\Delta t_j$ 为高作矩形，$j=1,2,\cdots$，13，得到 X 频数直方图、频率直方图、概率密度直方图，如图 6.7、图 6.8、图 6.9 所示.

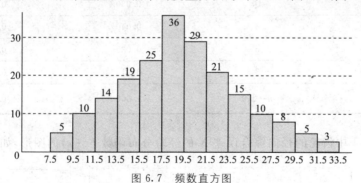

图 6.7　频数直方图

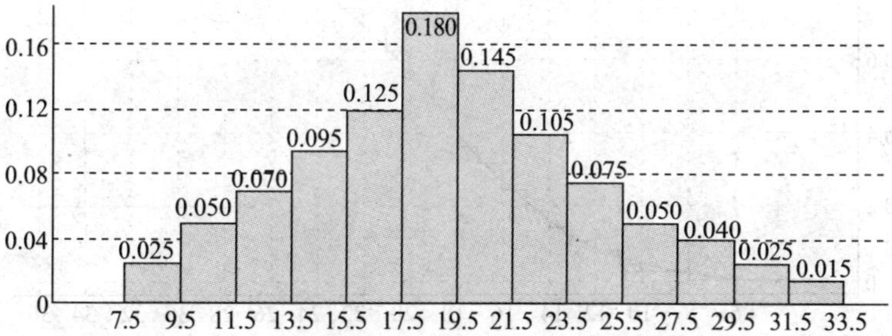

图 6.8　频率直方图

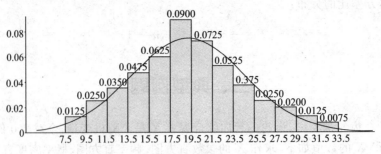

图 6.9 概率密度直方图

表 6.1

区间 $(t_{j-1},t_j]$	频数 n_j	频率 $f_j=n_j/n$	高度 $f_j/\Delta t_j=f_j/2$
7.5～9.5	5	0.025	0.0125
9.5～11.5	10	0.050	0.0250
11.5～13.5	14	0.070	0.0350
13.5～15.5	19	0.095	0.0475
15.5～17.5	25	0.125	0.0625
17.5～19.5	36	0.180	0.0900
19.5～21.5	29	0.145	0.0725
21.5～23.5	21	0.105	0.0525
23.5～25.5	15	0.075	0.0375
25.5～27.5	10	0.050	0.0250
27.5～29.5	8	0.040	0.0200
29.5～31.5	5	0.025	0.0125
31.5～33.5	3	0.015	0.0075
Σ	$n=200$	1.000	0.5000

例如,例 6.1 中齿轮的径向综合误差 X 的经验分布函数 $F_n(x)$ 的图形,如图 6.10 所示.

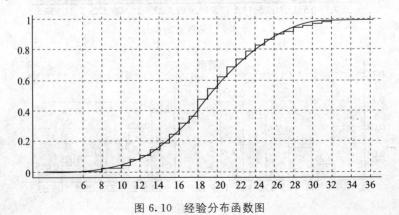

图 6.10 经验分布函数图

由格里文科定理知,当 n 充分大时,有
$$F(x) \approx F_n(x).$$

【例 6.2】设条件同例 6.1,试求概率 $P\{15 < X \leqslant 25\}$ 的近似值.

【解】将所给的数据从小到大排序为

8	8	8	8	9	10	10	11	11	11	11	11	11	11	11	12	12	12	12	12
13	13	13	13	13	13	13	13	13	14	14	14	14	14	14	14	14	14	15	15
15	15	15	15	15	15	15	15	16	16	16	16	16	16	16	16	16	16	16	16
16	16	16	16	16	17	17	17	17	17	17	17	17	18	18	18	18	18	18	18
18	18	18	18	18	18	18	18	18	18	18	18	18	19	19	19	19	19	19	19
19	19	19	19	19	19	19	19	19	20	20	20	20	20	20	20	20	20	20	20
20	20	20	20	20	21	21	21	21	21	21	21	21	21	21	21	21	21	22	22
22	22	22	22	22	22	22	22	22	23	23	23	23	23	23	23	23	23	23	24
24	24	24	24	24	24	24	25	25	25	25	25	25	25	26	26	26	26	26	26
26	27	27	27	28	28	28	28	28	29	29	30	30	30	31	31	32	32	33	

因为 $P\{15 < X \leqslant 25\} = F(25) - F(15)$

$$\approx F_n(25) - F_n(15) = \frac{174}{200} - \frac{48}{200} = \frac{126}{200} = 0.63.$$

【例 6.3】查表示例.

(1) 设 $\chi^2 \sim \chi^2(10)$,$\alpha = 0.05$,则查 χ^2 分布表可得:

上侧 α 分位数 $\chi^2_\alpha(10) = \chi^2_{0.05}(10) = 18.307$,

上侧 $(1-\alpha)$ 分位数 $\chi^2_{0.95}(10) = 3.940$.

(2) 设 $T \sim t(15)$,$\alpha = 0.05$,则查 t 分布表可得:

上侧 α 分位数 $t_\alpha(15) = t_{0.05}(15) = 1.753$,

由于 t 分布的对称性,上侧 0.95 分位数 $t_{0.95}(15) = -t_{0.05}(15) = -1.753$,

(3) 设 $F \sim F(12,8)$,$p = 0.05$,直接查 F 分布表可得:

上侧 α 分位数 $F_\alpha(12,8) = F_{0.05}(12,8) = 3.28$.

【例 6.4】求样本值 16　25　19　20　25　33　21　23　20　21 的 $\bar{x}$ 和 s^2.

【解】$\bar{x} = \dfrac{1}{10} \sum\limits_{i=1}^{10} x_i = 22.3$,

$$s^2 = \frac{1}{n-1} \sum_{i=1}^{n} (x_i - \bar{x})^2 = \frac{1}{9} \left[(16 - 22.3)^2 + \cdots + (21 - 22.3)^2 \right] = 21.5667.$$

或　$s^2 = \dfrac{1}{n-1} \left[\sum\limits_{i=1}^{n} x_i^2 - n\bar{x}^2 \right] = \dfrac{1}{9} \left[(16^2 + \cdots + 21^2) - 10 \times (22.3)^2 \right] = 21.5667.$

【例 6.5】(2002 年考研试题)设随机变量 X 和 Y 都服从标准正态分布,则(　　).

(A) $X + Y$ 服从正态分布　　　　(B) $X^2 + Y^2$ 服从 χ^2 分布

(C) X^2 和 Y^2 都服从 χ^2 分布　　(D) X^2/Y^2 服从 F 分布

【分析】对于(A),只有 (X,Y) 服从二维正态分布,或 X,Y 相互独立时,$X + Y$ 才服从正态分布,因此应该予以否定. 对于(B)和(D),由于不知 X,Y 是否相互独立,也应该予以否定. 故选(C).

【例 6.6】(2003 年考研试题)设随机变量 $X \sim t(n)(n>1)$, $Y = \dfrac{1}{X^2}$, 则(　　).

(A) $Y \sim \chi^2(n)$ 　　　　　　　　　　(B) $Y \sim \chi^2(n-1)$

(C) $Y \sim F(n,1)$ 　　　　　　　　　　(D) $Y \sim F(1,n)$

【分析】由于 $X \sim t(n)$, 由 t 分布的定义知, 存在随机变量 $\xi \sim N(0,1)$, $\eta \sim \chi^2(n)$ 且相互独立, 使 $X = \dfrac{\xi}{\sqrt{\eta/n}}$. 由 F 分布的定义知, $\dfrac{1}{X^2} = \dfrac{\eta/n}{\xi^2} \sim F(n,1)$. 故选(C).

【例 6.7】设 X_1, X_2, X_3, X_4 是来自正态总体 $N(0,2^2)$ 的样本, $Y = a(X_1-2X_2)^2 + b(3X_3-4X_4)^2$, 则当 $a =$ _____, $b =$ _____ ($ab \neq 0$) 时, 统计量 Y 服从 χ^2 分布, 其自由度为 _____.

【分析】本题涉及正态总体的样本, 又关系到服从正态分布变量的平方和, 应想到 Y 可能服从 χ^2 分布, 因此从 χ^2 的定义入手.

【解】由已知, $X_i \sim N(0,2^2)$, $i=1,2,3,4$, 且 X_1, X_2, X_3, X_4 相互独立, 故

$$X_1 - 2X_2 \sim N(0,5 \times 2^2), \quad \frac{X_1-2X_2}{2\sqrt{5}} \sim N(0,1),$$

$$3X_3 - 4X_4 \sim N(0,25 \times 2^2), \quad \frac{3X_3-4X_4}{10} \sim N(0,1).$$

由 χ^2 分布的定义知, 两个服从 $N(0,1)$ 的独立的随机变量的平方和应服从 $\chi^2(2)$ 分布. 因此

$$Y = \left(\frac{X_1-2X_2}{2\sqrt{5}}\right)^2 + \left(\frac{3X_3-4X_4}{10}\right)^2$$

$$= \frac{1}{20}(X_1-2X_2)^2 + \frac{1}{100}(3X_3-4X_4)^2 \sim \chi^2(2).$$

所以, 当 $a = \dfrac{1}{20}$, $b = \dfrac{1}{100}$ 时, 统计量 Y 服从自由度为 2 的 χ^2 分布.

【例 6.8】设 X_1, X_2, X_3, X_4 是来自正态总体 $X \sim N(\mu, \sigma^2)$ 的样本, 则随机变量

$$Y = (X_3 - X_4) \Bigg/ \sqrt{\sum_{i=1}^{2}(X_i-\mu)^2}$$

服从 _____ 分布.

【分析】根据 Y 的结构形式, 对比服从 t 分布的定义, Y 可能服从 t 分布, 为此分别分析 Y 的分子和分母的分布.

【解】$X_3 - X_4 \sim N(0,2\sigma^2)$, 故 $\dfrac{X_3-X_4}{\sqrt{2}\sigma} \sim N(0,1)$.

$$\frac{X_i-\mu}{\sigma} \sim N(0,1), \text{故} \left(\frac{X_i-\mu}{\sigma}\right)^2 \sim \chi^2(1), i=1,2.$$

因此, $\displaystyle\sum_{i=1}^{2}(X_i-\mu)^2 / \sigma^2 \sim \chi^2(2)$ (与 X_1, X_2 独立).

由 t 分布的定义知

$$Y = \frac{X_3-X_4}{\sqrt{2}\sigma} \Bigg/ \sqrt{\frac{\sum_{i=1}^{2}(X_i-\mu)^2}{2\sigma^2}} = (X_3-X_4) \Bigg/ \sqrt{\sum_{i=1}^{2}(X_i-\mu)^2} \sim t(2).$$

【例 6.9】设总体 $X \sim N(0, 2^2)$，而 $X_1, X_2, \cdots, X_{15}$ 是来自总体 X 的样本，则随机变量

$$Y = \frac{X_1^2 + \cdots + X_{10}^2}{2(X_{11}^2 + \cdots + X_{15}^2)}$$ 服从 _____ 分布.

【分析】本题样本来自正态总体，根据 Y 的构成是两个多变量平方和之商，结合 F 分布的定义，应考虑是否服从 F 分布.

【解】由于 $X_i \sim N(0, 2^2)(i = 1, 2, \cdots, 15)$，且相互独立.

分子　$\displaystyle\sum_{i=1}^{10} X_i^2 = 4 \sum_{i=1}^{10} \left(\frac{X_i}{2}\right)^2$，而 $\displaystyle\sum_{i=1}^{10} \left(\frac{X_i}{2}\right)^2 \sim \chi^2(10)$；

分母　$\displaystyle\sum_{i=11}^{15} X_i^2 = 4 \sum_{i=11}^{15} \left(\frac{X_i}{2}\right)^2$，而 $\displaystyle\sum_{i=11}^{15} \left(\frac{X_i}{2}\right)^2 \sim \chi^2(5)$；

也就是　$\displaystyle\frac{1}{4} \sum_{i=1}^{10} X_i^2 \sim \chi^2(10), \frac{1}{4} \sum_{i=11}^{15} X_i^2 \sim \chi^2(5)$.

根据 F 分布的定义，有

$$\frac{1}{4} \sum_{i=1}^{10} X_i^2 \Big/ 10 \Big/ \frac{1}{4} \sum_{i=11}^{15} X_i^2 \Big/ 5 = \frac{\displaystyle\sum_{i=1}^{10} X_i^2}{2 \displaystyle\sum_{i=11}^{15} X_i^2} \sim F(10, 5).$$

即　　　　　　　　　　　　　　　$Y \sim F(10, 5).$

【例 6.10】设 $X_1, X_2, \cdots, X_{10}$ 是来自总体 $X \sim N(\mu, 4^2)$ 的简单随机样本，S^2 为样本方差，已知 $P\{S^2 > a\} = 0.1$，则常数 $a = $ _____.

【分析】本题涉及样本方差的概率问题，且是已知概率值，反回来求上侧分位数的值. 涉及样本方差分布有 χ^2 分布.

【解】已知　$\displaystyle\frac{(n-1)S^2}{\sigma^2} \sim \chi^2(n-1)$，本题中，$n = 10$，$\sigma^2 = 4^2$，故

$$P\{S^2 > a\} = P\left\{\frac{(n-1)S^2}{\sigma^2} > \frac{(n-1)a}{\sigma^2}\right\} = P\left\{\frac{9S^2}{4^2} > \frac{9a}{16}\right\}.$$

由已知，$\dfrac{9S^2}{4^2} \sim \chi^2(9)$，且根据上侧分位数定义，应有 $\dfrac{9a}{16} = \chi_{0.1}^2(9)$，查 χ^2 分布表，得 $\chi_{0.1}^2(9) = 14.684$，即 $\dfrac{9a}{16} = 14.684$. 解得 $a = 26.1$.

【例 6.11】设 X_1, X_2 是总体 $X \sim N(1, (\sqrt{2})^2)$ 的样本，则

$$P\{(X_1 - X_2)^2 \leqslant 0.408\} = \underline{\hspace{3cm}}.$$

(注：$\chi_{0.75}^2(1) = 0.102, \Phi(0.3194) = 0.6255$)

【解】$X_1 - X_2 \sim N(0, 4)$，故 $\dfrac{X_1 - X_2}{2} \sim N(0, 1)$，从而

$$\left(\frac{X_1 - X_2}{2}\right)^2 \sim \chi^2(1).$$

方法一：

$$P\left\{\left(\frac{X_1 - X_2}{2}\right)^2 \leqslant \frac{0.408}{4}\right\} = 1 - P\left\{\left(\frac{X_1 - X_2}{2}\right)^2 > 0.102\right\}$$
$$= 1 - 0.75 = 0.25.$$

方法二:

$$P\{(X_1-X_2)^2\leqslant 0.408\}=P\left\{\left(\frac{X_1-X_2}{2}\right)^2\leqslant 0.102\right\}$$

$$=P\left\{\left|\frac{X_1-X_2}{2}\right|\leqslant\sqrt{0.102}\right\}=2\Phi(0.3194)-1$$

$$=2\times 0.6255-1=0.25.$$

【例 6.12】从总体 $X\sim N(5,2^2)$ 中随机抽取一容量为 25 的样本,求:

(1) 样本均值 $\overline{X}$ 落在 4.2 到 5.8 之间的概率;

(2) 样本方差 S^2 大于 6.07 的概率.

【思路】利用关于样本均值 $\overline{X}$、样本方差 S^2 的分布.

【解】因为总体 $X\sim N(5,2^2)$,$n=25$,故

$$\overline{X}=\frac{1}{25}\sum_{i=1}^{25}X_i\sim N\left(5,\frac{4}{25}\right),$$

$$\frac{(25-1)S^2}{2^2}\sim\chi^2(24).$$

于是所求概率

$$P\{4.2<\overline{X}<5.8\}=P\left\{\frac{4.2-5}{2/5}<\frac{\overline{X}-5}{2/5}<\frac{5.8-5}{2/5}\right\}$$

$$=P\left\{-2<\frac{\overline{X}-5}{2/5}<2\right\}$$

$$=2\Phi(2)-1=2\times 0.9772-1=0.9544.$$

$$P\{S^2>6.07\}=P\left\{\frac{24S^2}{4}>\frac{6.07\times 24}{4}\right\}=P\{6S^2>36.42\}=0.05.$$

其中 0.05 是反查 χ^2 分布表所得,$36.42=\chi^2_{0.05}(24)$,即为自由度为 24 的 χ^2 分布的上侧 0.05 分位数.

【例 6.13】设有 k 个正态总体 $X_i\sim N(\mu_i,\sigma^2)(i=1,2,\cdots,k)$,它们相互独立,从第 i 个总体中抽取容量为 n_i 的简单随机样本 $X_{i_1},X_{i_2},\cdots,X_{i_{n_i}}$,记第 i 个总体的样本均值为 $\overline{X}_i=\frac{1}{n_i}\sum_{j=1}^{n_i}X_{i_j}(i=1,2,\cdots,k)$,$n=\sum_{i=1}^{k}n_i$,试求:$T=\sum_{i=1}^{k}\sum_{j=1}^{n_i}(X_{i_j}-\overline{X}_i)^2/\sigma^2$ 的分布.

【思路】因为所求是平方和的分布,自然应考虑 χ^2 分布.

【解】由于 $X_i\sim N(\mu_i,\sigma^2)$,且这 k 个正态总体相互独立,所以

$$\sum_{j=1}^{n_i}(X_{i_j}-\overline{X}_i)^2/\sigma^2\sim\chi^2(n_i-1)\quad(i=1,2,\cdots,k)\text{ 且相互独立.}$$

由于 χ^2 分布的可加性,所以 $T=\sum_{i=1}^{k}\chi_i^2=\sum_{i=1}^{k}\sum_{j=1}^{n_i}(X_{i_j}-\overline{X}_i)^2/\sigma^2\sim\chi^2(n-k)$.

【例 6.14】设总体 X 的分布为 $\begin{bmatrix}-1 & 1\\ q & p\end{bmatrix}$,其中 $p+q=1$,$X_1,X_2,\cdots,X_n$ 为样本,利用中心极限定理,求:当 n 充分大时,样本均值 $\overline{X}$ 的近似分布.

【思路】中心极限定理是说明独立随机变量和的极限分布是正态分布的定理.因此应首先求出 $\sum_{i=1}^{n}X_i$ 的期望和方差,将其标准化,方可写出其极限分布.

【解】　$E(X_i)=E(X)=p-q$,

$$D(X_i)=D(X)=E(X^2)-[E(X)]^2=p+q-(p-q)^2=4pq \quad (i=1,2,\cdots,n),$$

$$E\left(\sum_{i=1}^{n}X_i\right)=nE(X_i)=n(p-q),$$

$$D\left(\sum_{i=1}^{n}X_i\right)=nD(X_i)=4npq,$$

由中心极限定理知

$$\frac{\overline{X}-(p-q)}{\sqrt{4pq/n}}=\frac{\sum\limits_{i=1}^{n}X_i-nE(X_i)}{\sqrt{nD(X_i)}} \text{ 近似服从 } N(0,1) \text{ 分布}.$$

而 $E(\overline{X})=p-q,D(\overline{X})=\dfrac{4pq}{n}$,于是,当 n 充分大时,$\overline{X}$ 近似服从 $N\left(p-q,\dfrac{4pq}{n}\right)$ 分布.

【例 6.15】 设 $X_1,\cdots,X_n,X_{n+1}$ 为来自总体 $X \sim N(\mu,\sigma^2)$ 的样本 $(n>1)$,若 $\overline{X}=\dfrac{1}{n}\sum\limits_{i=1}^{n}X_i,S^2=\dfrac{1}{n-1}\sum\limits_{i=1}^{n}(X_i-\overline{X})^2$,试求常数 c,使 $c(X_{n+1}-\overline{X})/S \sim t(n-1)$;又若 $n=8$ 且 $P\{\overline{X}-kS<X_9<\overline{X}+kS\}=0.80$,求 k 的值.

【思路】 紧扣 t 分布的定义,从而定出常数 c 及 k 的值.

【解】 因为 $\overline{X}\sim N\left(\mu,\dfrac{\sigma^2}{n}\right),X_{n+1}\sim N(\mu,\sigma^2)$,故

$$\overline{X}-X_{n+1}\sim N\left(0,\frac{n+1}{n}\sigma^2\right),(\overline{X}-X_{n+1})\bigg/\sqrt{\frac{n+1}{n}}\sigma\sim N(0,1).$$

又 $\dfrac{(n-1)S^2}{\sigma^2}\sim\chi^2(n-1)$,所以

$$\frac{\overline{X}-X_{n+1}}{\sqrt{(n+1)\sigma/n}}\bigg/\sqrt{\frac{(n-1)S^2}{\sigma^2(n-1)}}=\sqrt{\frac{n}{n+1}}\cdot\frac{\overline{X}-X_{n+1}}{S}\sim t(n-1).$$

故 $c=\sqrt{\dfrac{n}{n+1}}$.

由 $P\{\overline{X}-kS<X_9<\overline{X}+kS\}=0.80$,得

$$P\left\{-\sqrt{\frac{8}{9}}\cdot k<\sqrt{\frac{8}{9}}\cdot\frac{\overline{X}-X_9}{S}<\sqrt{\frac{8}{9}}\cdot k\right\}=0.80,$$

其中 $\sqrt{\dfrac{8}{9}}\cdot\dfrac{\overline{X}-X_9}{S}\sim t(7)$,由 t 分布知,$\sqrt{\dfrac{8}{9}}\cdot k=t_{0.10}(7)=1.415$,
所以

$$k=1.415\times 3/2\sqrt{2}=1.5.$$

第七章

参数估计

一、基本要求

(1) 理解点估计、估计量与估计值、矩估计和极大似然估计的概念；

(2) 熟练掌握矩估计法和极大似然估计法；

(3) 了解估计量的三个评价标准，并能说明估计量的无偏性；

(4) 理解未知参数的置信区间的概念；

(5) 掌握单个正态总体的置信区间的求法.

二、内容提要

统计推断是依据从总体中抽取的一个简单随机样本对总体进行分析和判断，是统计学的核心内容.统计推断的基本问题可以分为两大类：一类是参数估计问题，一类是假设检验问题.

若总体分布形式已知，但它的一个或多个参数为未知时需借助总体 X 的样本来估计未知参数.所谓参数估计就是由样本值对总体的未知参数作出估计，可分为点估计和区间估计.

(一) 点估计

点估计就是根据总体 X 的一个样本，估计参数的真值.点估计的方法有矩估计法、极大似然估计法、最小二乘法、贝叶斯方法等.这里我们需要重点掌握的是矩估计法和极大似然估计法.

1. 估计量

一般来说，总体 X 的分布函数 $F(x;\theta_1,\theta_2,\cdots,\theta_k)$ 的形式已知，其中 $\theta_1,\theta_2,\cdots,\theta_k$ 为待估参数.设 $X_1,X_2,\cdots,X_n$ 是总体的一个样本，$x_1,x_2,\cdots,x_n$ 是相应的一个样本值，若用 X_1，$X_2,\cdots,X_n$ 构造一个统计量 $\hat{\theta}_i=\hat{\theta}_i(X_1,X_2,\cdots,X_n)$，用于估计参数 $\theta_i(i=1,\cdots,k)$，就称 $\hat{\theta}_i$ 为

参数 θ_i 的估计量,而估计量 $\hat{\theta}_i$ 的观测值 $\hat{\theta}_i(x_1, x_2, \cdots, x_n)$ 称为参数 θ_i 的估计值 $(i=1, \cdots, k)$.

2. 矩估计

矩估计法是一种古老的估计方法.

若总体 X 的 k 阶原点矩 $\alpha_k = E(X^k)$ 存在,则样本 k 阶原点矩 $A_k = \dfrac{1}{n}\sum\limits_{i=1}^{n} X_i^k$ 依概率收敛于总体 k 阶原点矩 α_k,即

$$A_k = \frac{1}{n}\sum_{i=1}^{n} X_i^k \xrightarrow{P} \alpha_k (n \to \infty).$$

样本矩的连续函数是依概率收敛于对应总体矩的连续函数,因此我们可以利用样本矩来估计总体相对应的矩,这种方法就称为矩估计法.

矩估计法无需知道总体的分布,但当总体类型已知时,没有充分利用总体分布提供的信息.一般场合下,矩估计量不具有唯一性.其主要的原因在于建立矩法方程时,选取哪些样本矩代替相应的总体矩带有一定的随意性.

总体的 k 阶原点矩和 k 阶中心矩分别定义为

$$\alpha_k = E(X^k) \text{ 和 } \mu_k = E\left[(X - E(X))\right]^k \quad (k = 0, 1, 2, \cdots).$$

矩估计法的求解步骤如下.

(1) 用 k 阶样本原点矩 A_k 估计 k 阶总体原点矩 α_k,用 k 阶样本中心矩 B_k 估计总体的 k 阶中心矩 μ_k,即令

$$A_k = \frac{1}{n}\sum_{i=1}^{n} x_i^k = E(X^k)$$

$$B_k = \frac{1}{n}\sum_{i=1}^{n}(x_i - \bar{x})^k = E\left(X - E(X)\right)^k \quad (k = 0, 1, 2, \cdots).$$

(2) 根据未知参数的个数,建立方程(组)求解未知参数.

3. 极大似然估计

极大似然估计是在总体类型已知的条件下使用的一种参数估计方法.最早是由德国数学家高斯在 1821 年提出的,然而 Fisher 在 1922 年才重新发现了这一方法,并首先研究了这种方法的一些性质.极大似然估计法的基本思想就是,根据样本以最大概率对未知参数作出估计.

设总体 X 的概率函数(或密度函数) $f(x; \theta)$ 的形式为已知,其中 θ 为待估参数.设样本 $X_1, X_2, \cdots, X_n$ 取自总体 X,样本值为 $x_1, x_2, \cdots, x_n$.

如果总体 X 是离散型总体的情形,则根据极大似然估计的思想,求未知参数为何值时随机事件 $\{X_1 = x_1, \cdots, X_n = x_n\}$ 发生的概率最大,即最可能发生:

$$\max_{\theta} P\{X_1 = x_1, \cdots, X_n = x_n\} = \max_{\theta}\{P\{X_1 = x_1\}\cdots P\{X_n = x_n\}\} = \max_{\theta}\prod_{i=1}^{n} f(x_i; \theta).$$

如果总体 X 是连续型总体的情形,则随机点 $(X_1, X_2, \cdots, X_n)$ 落在点 $(x_1, x_2, \cdots, x_n)$ 的邻域(边长分别为 $\mathrm{d}x_1, \cdots, \mathrm{d}x_n$ 的 n 维立方体)内的概率近似地为 $\prod\limits_{i=1}^{n} f(x_i; \theta)\mathrm{d}x_i$,其值随 θ 的取值不同而变化.与离散型情形一样,选取 θ 使此概率最大,由于因子 $\prod\limits_{i=1}^{n}\mathrm{d}x_i$ 不随 θ 变化,

故只考虑 $\prod\limits_{i=1}^{n} f(x_i;\theta)$ 部分.

称函数 $L(x_1,\cdots,x_n;\theta)=\prod\limits_{i=1}^{n} f(x_i;\theta)$ 为参数 θ 的似然函数,若 $L(x_1,\cdots,x_n;\hat{\theta})=\max\limits_{\theta\in\Theta}L$ $(x_1,\cdots,x_n;\theta)$,则称 $\hat{\theta}(x_1,\cdots,x_n)$ 为参数 θ 的极大似然估计值,$\hat{\theta}(X_1,\cdots,X_n)$ 称为参数 θ 的**极大似然估计量**.

极大似然估计的求解步骤如下.

(1) 构造似然函数.

$$L(x_1,\cdots,x_n;\theta)=\prod_{i=1}^{n} f(x_i;\theta).$$

(2) 取对数求导,求出未知参数的极大似然估计.

$$\frac{\mathrm{d}\ln L(\theta)}{\mathrm{d}\theta}=0.$$

极大似然估计法也适用于分布中含多个未知参数 $\theta_1,\cdots,\theta_k$ 的情况.此时似然函数为

$$L(x_1,\cdots,x_n;Q_1,\cdots,Q_k)=\prod_{i=1}^{n} f(x_i;\theta_1,\cdots,\theta_k),$$

分别令

$$\frac{\partial\ln L}{\partial\theta_i}=0 \quad (i=1,\cdots,k),$$

解上述方程组,可得各未知参数 $\theta_i(i=1,\cdots,k)$ 的极大似然估计值 $\hat{\theta}$.

在相当广泛的情形下,似然方程的解就是极大似然估计量.一般地,要用微积分中判断最大值的方法来判断似然方程的解是否是极大似然估计量.有时,只能用近似计算的方法求解似然方程.在有些情形下,似然函数对 θ 的导数不存在,则这时应利用极大似然思想求极大似然估计量.

(二)估计量的评价标准

对于总体的同一未知参数 θ,运用不同的估计方法求出的估计量不一定相同.我们自然会问,采用哪一种估计量为好呢?怎样衡量和比较估计量的好坏呢?这就牵涉到评选估计量的标准.评选估计量的标准,是对于估计量优良性的要求,我们需要掌握无偏性、有效性(最小方差性)、一致性三个标准.

1. 无偏性

若参数 θ 的估计量 $\hat{\theta}=\hat{\theta}(X_1,\cdots,X_n)$ 的数学期望 $E(\hat{\theta})$ 存在且满足 $E(\hat{\theta})=\theta$,则称 $\hat{\theta}$ 是 θ 的无偏估计量.

若 $E(\hat{\theta})\neq\theta$,在工程技术中,$E(\hat{\theta})-\theta$ 称为以 $\hat{\theta}$ 作为 θ 的估计的系统误差.无偏估计的意义为无系统误差.

若 $\lim\limits_{n\to\infty}E(\hat{\theta})=\theta$,则称 $\hat{\theta}$ 是 θ 的渐进无偏估计量.

2. 有效性

设 $\hat{\theta}_1$ 与 $\hat{\theta}_2$ 都是 θ 的无偏估计,即 $E(\hat{\theta}_1)=E(\hat{\theta}_2)=\theta$,若 $D(\hat{\theta}_1)<D(\hat{\theta}_2)$,则称 $\hat{\theta}_1$ 比 $\hat{\theta}_2$ 有效.

在未知参数 θ 任何两个无偏估计量中,显然应该选更有效者——方差较小者.

3. 一致性(相合性)

估计量 $\hat{\theta}$ 的无偏性和有效性都是在样本容量 n 固定的前提下考虑的. 当样本容量无限大时,估计值在真参数的附近的概率应趋近于 1.

设 $\hat{\theta}$ 为参数 θ 的估计量,当 $n \to \infty$ 时,$\hat{\theta}$ 依概率收敛于 θ,则称 $\hat{\theta}$ 为 θ 的一致估计量. 即对任意的 $\varepsilon > 0$,有

$$\lim_{n \to \infty} P\{|\hat{\theta} - \theta| < \varepsilon\} = 1.$$

(三) 正态总体参数的区间估计

未知参数 θ 的区间估计,即"置信区间",是以统计量为端点的随机区间 $(\hat{\theta}_1, \hat{\theta}_2)$,它以足够大的把握(概率)包含未知参数 θ 的值,其中区间端点 $\hat{\theta}_1$ 和 $\hat{\theta}_2$ 是统计量.

1. 置信区间

设总体 X 的分布函数 $F(x; \theta)$ 含有一个未知参数 θ,对于给定值 $\alpha(0 < \alpha < 1)$,若有关于样本 $X_1, \cdots, X_n$ 的两个统计量 $\underline{\theta} = \underline{\theta}(X_1, \cdots, X_n)$ 和 $\bar{\theta} = \bar{\theta}(X_1, \cdots, X_n)$ 满足

$$P\{\underline{\theta}(X_1, \cdots, X_n) < \theta < \bar{\theta}(X_1, \cdots, X_n)\} = 1 - \alpha,$$

则称随机区间 $(\underline{\theta}, \bar{\theta})$ 是 θ 的置信度为 $1 - \alpha$ 的置信区间,$\underline{\theta}$ 和 $\bar{\theta}$ 分别称为 μ 的置信度为 $1 - \alpha$ 的置信区间的置信下限和置信上限,$1 - \alpha$ 为置信度.

置信度是置信区间 $(\hat{\theta}_1, \hat{\theta}_2)$ "包含"或"覆盖"未知参数 θ 的概率. 置信度一般选充分大的数,例如 $1 - \alpha = 0.95$. 直观上,使用置信度为 $1 - \alpha$ 的置信区间 $(\hat{\theta}_1, \hat{\theta}_2)$ 估计参数 θ,则说明在样本容量不变的情况下反复抽样得到的全部区间中,包含 θ 值的区间不少于 $100(1 - \alpha)\%$,不包含 θ 的情形最多只有 $100\alpha\%$.

2. 单个正态总体均值与方差的置信区间

设 $X_1, \cdots, X_n$ 是来自总体 $N(\mu, \sigma^2)$ 的一个样本,$\bar{X}$ 和 S^2 分别是样本均值和样本方差. 给定置信度为 $1 - \alpha$.

(1) 均值 μ 的置信区间(方差 σ^2 为已知).

由于

$$\frac{\bar{X} - \mu}{\sigma/\sqrt{n}} \sim N(0, 1),$$

给定置信度 $1 - \alpha(0 < \alpha < 1)$,构造

$$P\left\{a < \frac{\bar{X} - \mu}{\sigma/\sqrt{n}} < b\right\} = 1 - \alpha.$$

由于 $\dfrac{\bar{X} - \mu}{\sigma/\sqrt{n}} \sim N(0, 1)$,其密度函数关于 y 轴对称,所以为简便起见,让区间 (a, b) 也关于 y 轴对称,使得两边阴影部分的面积分别为 $\dfrac{\alpha}{2}$,此时 a, b 即可由分位数 $u_{\alpha/2}$ 确定,如图 7.1 所示.

$$P\left\{\bar{X} - \frac{\sigma}{\sqrt{n}} u_{\alpha/2} < \mu < \bar{X} + \frac{\sigma}{\sqrt{n}} u_{\alpha/2}\right\} = 1 - \alpha.$$

从而得到 μ 的一个置信度为 $1 - \alpha$ 的置信区间:

$$\left(\bar{X} - \frac{\sigma}{\sqrt{n}} u_{\alpha/2}, \bar{X} + \frac{\sigma}{\sqrt{n}} u_{\alpha/2}\right). \tag{1}$$

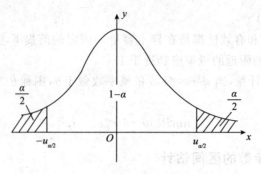

图 7.1

对应于式(1)的具体的置信区间为

$$\left(\bar{x}-\frac{\sigma}{\sqrt{n}}u_{\alpha/2},\bar{x}+\frac{\sigma}{\sqrt{n}}u_{\alpha/2}\right). \tag{2}$$

也称式(2)为 μ 的一个置信度为 $1-\alpha$ 的置信区间.

(2) 均值 μ 的置信区间(方差 σ^2 为未知).

σ^2 未知时,不能使用式(1)或式(2)的置信区间,因为其中含有未知参数 σ. 由于 S^2 是 σ^2 的无偏估计,所以用 S^2 替代 σ^2,又因为

$$T=\frac{\overline{X}-\mu}{S/\sqrt{n}}\sim t(n-1),$$

统计量 T 中不含未知参数 σ,所以可利用它导出对正态总体均值 μ 的区间估计. 对于给定的置信度 $1-\alpha(0<\alpha<1)$,类似构造(参见图 7.2)

$$P\left\{-t_{\alpha/2}(n-1)<\frac{(\overline{X}-\mu)\sqrt{n}}{S}<t_{\alpha/2}(n-1)\right\}=1-\alpha,$$

即 $P\left\{(\overline{X}-\frac{S}{\sqrt{n}}t_{\alpha/2}(n-1)<\mu<\overline{X}+\frac{S}{\sqrt{n}}t_{\alpha/2}(n-1)\right\}=1-\alpha,$

从而得到 μ 的置信度为 $1-\alpha$ 的置信区间为

$$\left(\overline{X}-\frac{S}{\sqrt{n}}t_{\alpha/2}(n-1),\overline{X}+\frac{S}{\sqrt{n}}t_{\alpha/2}(n-1)\right).$$

对应具体的置信区间为

$$\left(\bar{x}-\frac{s}{\sqrt{n}}t_{\alpha/2}(n-1),\bar{x}+\frac{s}{\sqrt{n}}t_{\alpha/2}(n-1)\right).$$

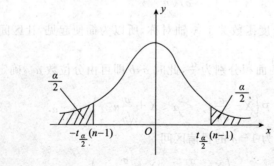

图 7.2

（3）方差 σ^2 的置信区间（均值 μ 已知）.

由于

$$\frac{\sum\limits_{i=1}^{n}(X_i-\mu)^2}{\sigma^2}\sim\chi^2(n),$$

对于给定的置信度 $1-\alpha(0<\alpha<1)$，类似构造

$$P\left\{\chi^2_{1-\frac{\alpha}{2}}(n)<\frac{\sum\limits_{i=1}^{n}(X_i-\mu)^2}{\sigma^2}<\chi^2_{\frac{\alpha}{2}}(n)\right\}=1-\alpha,$$

所以得到 σ^2 的置信度为 $1-\alpha$ 的置信区间：

$$\left(\frac{\sum\limits_{i=1}^{n}(X_i-\mu)^2}{\chi^2_{\alpha/2}(n)},\frac{\sum\limits_{i=1}^{n}(X_i-\mu)^2}{\chi^2_{1-\alpha/2}(n)}\right).$$

对应具体的置信区间为

$$\left(\frac{\sum\limits_{i=1}^{n}(x_i-\mu)^2}{\chi^2_{\alpha/2}(n)},\frac{\sum\limits_{i=1}^{n}(x_i-\mu)^2}{\chi^2_{1-\alpha/2}(n)}\right).$$

（4）方差 σ^2 的置信区间（均值 μ 未知）.

考虑到 S^2 是 σ^2 的无偏估计，因为

$$\frac{(n-1)S^2}{\sigma^2}\sim\chi^2(n-1),$$

且 $\chi^2(n-1)$ 的分布与 σ^2 无关. 给定置信度 $1-\alpha$，在 $\chi^2(n-1)$ 的分布密度曲线中，存在分位数 $\chi^2_{\alpha/2}(n-1)$，$\chi^2_{1-\alpha/2}(n-1)$（可通过查 χ^2 分布表求得），使左右两侧面积都等于 $\alpha/2$（参见图 7.3）.

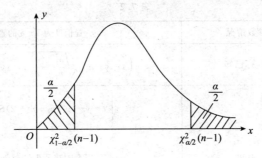

图 7.3

故有

$$P\left\{\chi^2_{1-\alpha/2}(n-1)<\frac{(n-1)S^2}{\sigma^2}<\chi^2_{\alpha/2}(n-1)\right\}=1-\alpha,$$

由此得到 σ^2 的置信度为 $1-\alpha$ 的置信区间：

$$\left(\frac{(n-1)S^2}{\chi^2_{\alpha/2}(n-1)},\frac{(n-1)S^2}{\chi^2_{1-\alpha/2}(n-1)}\right).$$

对应具体的置信区间为

$$\left(\frac{(n-1)s^2}{\chi_{\alpha/2}^2(n-1)}, \frac{(n-1)s^2}{\chi_{1-\alpha/2}^2(n-1)}\right).$$

进一步得标准差 σ 的置信度为 $1-\alpha$ 的置信区间：

$$\left(\frac{S\sqrt{n-1}}{\sqrt{\chi_{\alpha/2}^2(n-1)}}, \frac{S\sqrt{n-1}}{\sqrt{\chi_{1-\alpha/2}^2(n-1)}}\right).$$

对应具体的置信区间为

$$\left(\frac{s\sqrt{n-1}}{\sqrt{\chi_{\alpha/2}^2(n-1)}}, \frac{s\sqrt{n-1}}{\sqrt{\chi_{1-\alpha/2}^2(n-1)}}\right).$$

单个正态总体均值与方差的置信区间归纳为表 7.1.

表 7.1

待估参数	参数的情况	统计量	置信度为 $1-\alpha$ 的置信区间
μ	σ^2 已知	$\dfrac{\overline{X}-\mu}{\sigma/\sqrt{n}} \sim N(0,1)$	$\left(\overline{x}-\dfrac{\sigma}{\sqrt{n}}u_{\alpha/2}, \overline{x}+\dfrac{\sigma}{\sqrt{n}}u_{\alpha/2}\right)$
	σ^2 未知	$\dfrac{\overline{X}-\mu}{S/\sqrt{n}} \sim t(n-1)$	$\left(\overline{x}-\dfrac{s}{\sqrt{n}}t_{\alpha/2}(n-1), \overline{x}+\dfrac{s}{\sqrt{n}}t_{\alpha/2}(n-1)\right)$
σ^2	μ 已知	$\dfrac{\sum\limits_{i=1}^{n}(X_i-\mu)^2}{\sigma^2} \sim \chi^2(n)$	$\left(\dfrac{\sum\limits_{i=1}^{n}(x_i-\mu)^2}{\chi_{\alpha/2}^2(n)}, \dfrac{\sum\limits_{i=1}^{n}(x_i-\mu)^2}{\chi_{1-\alpha/2}^2(n)}\right)$
	μ 未知	$\dfrac{(n-1)S^2}{\sigma^2} \sim \chi^2(n-1)$	$\left(\dfrac{(n-1)s^2}{\chi_{\alpha/2}^2(n-1)}, \dfrac{(n-1)s^2}{\chi_{1-\alpha/2}^2(n-1)}\right)$

3. 两个正态总体均值差与方差比的置信区间(表 7.2)

表 7.2

待估参数	参数情况	置信度为 $1-\alpha$ 的置信区间
$\mu_1-\mu_2$	σ_1^2, σ_2^2 已知	$\left(\overline{x}-\overline{y}-u_{\alpha/2}\sqrt{\dfrac{\sigma_1^2}{n_1}+\dfrac{\sigma_2^2}{n_2}}, \overline{x}-\overline{y}+u_{\alpha/2}\sqrt{\dfrac{\sigma_1^2}{n_1}+\dfrac{\sigma_2^2}{n_2}}\right)$
	$\sigma_1^2=\sigma_2^2$ 未知	$\left(\overline{x}-\overline{y}-t_{\alpha/2}(n_1+n_2-2)S_w\sqrt{\dfrac{1}{n_1}+\dfrac{1}{n_2}},\right.$ $\overline{x}-\overline{y}+t_{\alpha/2}(n_1+n_2-2)S_w\sqrt{\dfrac{1}{n_1}+\dfrac{1}{n_2}}$ 其中，$S_w^2=\dfrac{(n_1-1)s_1^2+(n_2-1)s_2^2}{n_1+n_2-2}$
$\dfrac{\sigma_1^2}{\sigma_2^2}$	μ_1, μ_2 已知	$\left(\dfrac{n_2\sum\limits_{i=1}^{n_1}(X_i-\mu_1)^2}{n_1 F_{\frac{\alpha}{2}}(n_1,n_2)\sum\limits_{i=1}^{n_2}(Y_i-\mu_2)^2}, \dfrac{n_2\sum\limits_{i=1}^{n_1}(X_i-\mu_1)^2}{n_1 F_{1-\frac{\alpha}{2}}(n_1,n_2)\sum\limits_{i=1}^{n_2}(Y_i-\mu_2)^2}\right)$
	μ_1, μ_2 未知	$\left(\dfrac{s_1^2}{s_2^2}\cdot\dfrac{1}{F_{\alpha/2}(n_1-1,n_2-1)}, \dfrac{s_1^2}{s_2^2}\cdot\dfrac{1}{F_{1-\alpha/2}(n_1-1,n_2-1)}\right)$

三、典型例题

【例 7.1】设总体 X 的均值 μ 及方差 σ^2 都存在,且 $\sigma^2 > 0$,但 μ,σ^2 均为未知,又设 X_1,X_2,$\cdots$,X_n 是总体 X 的一个样本,试求 μ,σ^2 的矩估计量.

【分析】由于总体 X 中含有两个未知参数 μ,σ,因此需建立两个方程.建立方程时,通常都是尽可能地利用低阶矩,因为样本矩的阶数越高,对样本加工处理的信息失真也可能越大.

【解】根据矩估计法,

$$\text{令} \begin{cases} E(X) = \overline{X}, \\ E(X^2) = \dfrac{1}{n}\sum_{i=1}^n X_i^2, \end{cases}$$

而

$$E(X) = \mu, \quad E(X^2) = D(X) + [E(X)]^2 = \sigma^2 + \mu^2,$$

所以有

$$\begin{cases} \mu = \overline{X}, \\ \sigma^2 + \mu^2 = \dfrac{1}{n}\sum_{i=1}^n X_i^2, \end{cases}$$

解上述联立方程组,得 μ 和 σ^2 的矩估计量分别为

$$\hat{\mu} = \overline{X},$$

$$\hat{\sigma}^2 = \frac{1}{n}\sum_{i=1}^n X_i^2 - (\overline{X})^2 = \frac{1}{n}\sum_{i=1}^n (X_i - \overline{X})^2.$$

所得结果表明,对于任意的分布,只要总体均值及方差存在,其均值与方差的矩估计量表达式都是一样的(即与分布无关).

【例 7.2】设总体 X 的密度函数为

$$f(x) = \begin{cases} \theta x^{\theta-1}, & 0 < x < 1, \\ 0, & \text{其他}. \end{cases}$$

X_1,X_2,$\cdots$,X_n 为其样本,求参数 θ 的矩估计量和极大似然估计量.

【分析】由于总体 X 连续,分布中只有一个未知参数,因此选择方程 $E(X) = \overline{X}$ 进行矩估计求解,似然函数由密度函数连乘得到.

【解】(1) 因为 $E(X) = \displaystyle\int_0^1 x\theta x^{\theta-1} \mathrm{d}x = \theta \int_0^1 x^\theta \mathrm{d}x = \dfrac{\theta}{\theta+1}$,

由矩估计,$E(X) = \overline{X}$,所以 $\overline{X} = \dfrac{\theta}{\theta+1}$.

求解得,$\hat{\theta} = \dfrac{\overline{X}}{1-\overline{X}}$ 即为参数 θ 的矩估计量.

(2) 构造似然函数

$$L(\theta) = \begin{cases} \displaystyle\prod_{i=1}^n (\theta x_i^{\theta-1}), & 0 < x_i < 1(i = 1, \cdots, n), \\ 0, & \text{其他}. \end{cases}$$

要让 L 最大,则取 $0 < x_i < 1 (i = 1, \cdots, n)$. 两边取对数,得

$$\ln L = \ln\left(\prod_{i=1}^{n} \theta x_i^{\theta-1}\right) = \sum_{i=1}^{n}\left[\ln\theta + (\theta-1)\ln x_i\right] = n\ln\theta + (\theta-1)\sum_{i=1}^{n}\ln x_i,$$

由 $\dfrac{\mathrm{d}\ln L}{\mathrm{d}\theta} = \dfrac{n}{\theta} + \ln\prod_{i=1}^{n} x_i = 0$, 知

$$\hat{\theta} = -\frac{n}{\ln\prod\limits_{i=1}^{n} x_i} = -\frac{n}{\sum\limits_{i=1}^{n}\ln x_i},$$

所以参数 θ 的极大似然估计量为 $\hat{\theta} = -\dfrac{n}{\sum\limits_{i=1}^{n}\ln X_i}$.

【例 7.3】 设总体 X 具有几何分布,它的分布列为 $P\{X = k\} = (1-p)^{k-1}p, k = 1, 2, \cdots$.

(1) 求未知参数 p 的矩估计量;

(2) 求未知参数 p 的极大似然估计量.

【分析】 该题属于离散型总体的情形,其似然函数由概率连乘得到.

【解】 (1) 因为 $E(X) = \dfrac{1}{p}$, 令 $\dfrac{1}{p} = \overline{X}$, 所以未知参数 p 的矩估计量为 $\hat{p} = \dfrac{1}{X}$.

(2) 构造似然函数

$$L(x_1, \cdots, x_n; p) = \prod_{i=1}^{n} f(x_i; p) = \prod_{i=1}^{n}(1-p)^{x_i-1}p,$$

两边同时取对数,得

$$\ln L = \ln\left[\prod_{i=1}^{n}(1-p)^{x_i-1}p\right] = \sum_{i=1}^{n}\ln\left[(1-p)^{x_i-1}p\right]$$

$$= \sum_{i=1}^{n}(x_i-1)\ln(1-p) + \sum_{i=1}^{n}\ln p = \ln(1-p)\sum_{i=1}^{n}(x_i-1) + n\ln p,$$

两边同时求导,令

$$\frac{\mathrm{d}\ln L}{\mathrm{d}p} = \frac{-\sum\limits_{i=1}^{n}(x_i-1)}{1-p} + \frac{n}{p} = 0,$$

解得未知参数 p 的极大似然估计值为 $\hat{p} = \dfrac{1}{\overline{x}}$. 故 p 的极大似然估计量为 $\hat{p} = \dfrac{1}{\overline{X}}$.

【例 7.4】 设 $X_1, X_2, \cdots, X_n$ 是从区间 $[0, \theta]$ 上均匀分布的总体中抽出的样本,求 θ 的矩估计量和极大似然估计量.

【分析】 该题属于连续型总体的情形,由于其概率密度是分段函数,因此其似然函数也是分段函数.其似然函数取对数求导后无法求出其驻点,此时还需要借助其他方法来判断,如单调性等.

【解】 (1) 由均匀分布得, $E(X) = \dfrac{\theta}{2}$,

由矩估计,令 $\dfrac{\theta}{2} = \overline{X}$, 所以, $\hat{\theta} = 2\overline{X}$ 就是参数 θ 的矩估计量, $\hat{\theta} = 2\overline{x}$ 是参数 θ 的矩估计值.

(2) 由题可知, X 的密度函数 $f(x; \theta) = \begin{cases} \dfrac{1}{\theta}, & 0 \leq x \leq \theta, \\ 0, & \text{其他}. \end{cases}$

构造关于样本值为 $x_1, \cdots, x_n$ 的似然函数

$$L(x_1, x_2, \cdots, x_n; \theta) = \begin{cases} \left(\dfrac{1}{\theta}\right)^n, & 0 \leqslant x_1, x_2, \cdots, x_n \leqslant \theta, \\ 0, & \text{其他.} \end{cases}$$

显然当 $0 \leqslant x_1, x_2, \cdots, x_n \leqslant \theta$ 时,$\dfrac{\mathrm{d}\ln L}{\mathrm{d}\theta} < 0$,从而无法求出其驻点. 因为其导数小于零,可见函数 $\ln L$(或 L)无驻点. 当 $0 \leqslant x_1, x_2, \cdots, x_n \leqslant \theta$ 时,$L(x_1, x_2, \cdots, x_n; \theta) = \dfrac{1}{\theta^n} \leqslant \dfrac{1}{[\max(x_1, \cdots, x_n)]^n}$. 所以,当 $\hat{\theta} = \max(x_1, \cdots, x_n)$ 时,L 最大.

故 θ 的极大似然估计量为 $\hat{\theta} = \max(X_1, X_2, \cdots, X_n)$.

【例 7.5】设总体 $X \sim N(\mu, \sigma^2)$,μ, σ^2 为未知参数,设 $x_1, x_2, \cdots, x_n$ 是来自该总体的样本值. 求 μ, σ^2 的极大似然估计值及极大似然估计量.

【分析】该题有 2 个未知参数,因此似然函数取对数之后是关于 μ, σ^2 的二元函数. 需要借助偏导数来求解.

【解】设总体 X 的样本值为 $x_1, \cdots, x_n$. 因为总体 X 的密度函数为

$$f(x; \mu, \sigma^2) = \frac{1}{\sqrt{2\pi\sigma^2}} \exp\left[-\frac{1}{2\sigma^2}(x-\mu)^2\right],$$

于是似然函数为

$$L(\mu, \sigma^2) = \prod_{i=1}^{n} f(x_i; \mu, \sigma^2) = \left(\frac{1}{\sqrt{2\pi\sigma^2}}\right)^n \exp\left[-\frac{1}{2\sigma^2}\sum_{i=1}^{n}(x_i-\mu)^2\right],$$

对上式两边取对数得

$$\ln L = -\frac{n}{2}\ln(2\pi) - \frac{n}{2}\ln\sigma^2 - \frac{1}{2\sigma^2}\sum_{i=1}^{n}(x_i-\mu)^2.$$

令

$$\begin{cases} \dfrac{\partial}{\partial\mu}(\ln L) = \dfrac{1}{\sigma^2}\sum_{i=1}^{n}(x_i-\mu) = 0, \\ \dfrac{\partial}{\partial\sigma^2}(\ln L) = -\dfrac{n}{2\sigma^2} + \dfrac{1}{2(\sigma^2)^2}\sum_{i=1}^{n}(x_i-\mu)^2 = 0, \end{cases}$$

解此方程组得 μ, σ^2 的极大似然估计值分别为

$$\hat{\mu} = \bar{x}, \qquad \hat{\sigma}^2 = \frac{1}{n}\sum_{i=1}^{n}(x_i-\bar{x})^2,$$

μ, σ^2 的极大似然估计量分别为

$$\hat{\mu} = \bar{X}, \qquad \hat{\sigma}^2 = \frac{1}{n}\sum_{i=1}^{n}(X_i-\bar{X})^2.$$

此结果与矩估计法获得的矩估计相同.

【例 7.6】设总体 X 的概率分布为

X	0	1	2	3
P	θ^2	$2\theta(1-\theta)$	θ^2	$1-2\theta$

其中 $\theta\left(0<\theta<\dfrac{1}{2}\right)$ 是未知参数,假设总体 X 有如下的样本值:

$$3,1,3,0,3,1,2,3,$$

试求未知参数 θ 的矩估计值和极大似然估计值.

【分析】 此题给出的是总体的分布列. 由于极大似然估计的思想是尽可能使样本出现的概率最大,因此需要利用样本值出现的概率来构造似然函数.

【解】 (1) 由总体 X 的概率分布列可得

$$E(X)=0\times\theta^2+1\times 2\theta(1-\theta)+2\times\theta^2+3\times(1-2\theta)$$
$$=3-4\theta,$$

由矩估计得,$E(X)=\overline{X}$,

所以 $3-4\theta=\overline{X}$,即 $\hat{\theta}=\dfrac{3-\overline{X}}{4}$ 为参数 θ 的矩估计量.

因为 $\overline{x}=\dfrac{1}{8}(3+1+\cdots+3)=2$,所以参数 θ 的矩估计值为

$$\hat{\theta}=\frac{3-\overline{x}}{4}=\frac{1}{4}.$$

(2) 设 $X_1,X_2,\cdots,X_n$ 是取自总体 X 的样本,$x_1,x_2,\cdots,x_n$ 是其观测值,$n=8$.

由于样本观测值中出现了一次"0",两次"1",一次"2",四次"3",所以根据极大似然估计法的思想,构造似然函数

$$L(\theta)=P\{X_1=x_1,X_2=x_2,\cdots,X_8=x_8\}$$
$$=\prod_{i=1}^{n}P\{X_i=x_i\}$$
$$=P\{X=0\}(P\{X=1\})^2 P\{X=2\}(P\{X=3\})^4$$
$$=\theta^2\times[2\theta(1-\theta)]2\times\theta^2\times(1-2\theta)^4$$
$$=4\theta^6(1-\theta)^2(1-2\theta)^4,$$

两边取对数,得

$$\ln L=\ln 4+6\ln\theta+2\ln(1-\theta)+4\ln(1-2\theta),$$

两边关于参数 θ 求导,得

$$\frac{\mathrm{d}\ln L}{\mathrm{d}\theta}=\frac{6}{\theta}-\frac{2}{1-\theta}-\frac{8}{1-2\theta}=0,$$

所以有

$$12\theta^2-14\theta+3=0,$$

解方程得,$\hat{\theta}=\dfrac{7\pm\sqrt{13}}{12}$.

因为 $0<\theta<\dfrac{1}{2}$,所以 $\hat{\theta}=\dfrac{7-\sqrt{13}}{12}$ 为参数 θ 的极大似然估计值.

【例 7.7】 (2006 年考研题)设总体 X 的概率密度为

$$f(x;\theta)=\begin{cases}\theta, & 0<x<1,\\ 1-\theta, & 1\leqslant x<2,\\ 0, & \text{其他}.\end{cases}$$

其中 θ 是未知参数($0<\theta<1$),$X_1,X_2,\cdots,X_n$ 为来自总体 X 的样本,记 N 为样本值 $x_1,x_2,$ $\cdots,x_n$ 中小于 1 的个数. 求:

(1) θ 的矩估计量;

(2) θ 的最大似然估计值.

【分析】该题属于连续型分布,但是概率密度函数是分段函数,因此构造的似然函数也是一个分段函数,需要特别注意. 似然函数不为零的部分还需要考虑样本值落入的区间段.

【解】 (1) 由于

$$E(X)=\int_{-\infty}^{+\infty}xf(x;\theta)\mathrm{d}x=\int_0^1\theta x\mathrm{d}x+\int_1^2(1-\theta)x\mathrm{d}x$$
$$=\frac{1}{2}\theta+\frac{3}{2}(1-\theta)=\frac{3}{2}-\theta.$$

令 $\frac{3}{2}-\theta=\overline{X}$,解得 $\theta=\frac{3}{2}-\overline{X}$,

所以,参数 θ 的矩估计量为

$$\hat{\theta}=\frac{3}{2}-\overline{X}.$$

(2) 似然函数为

$$L(\theta)=\begin{cases}\prod_{i=1}^n f(x_i;\theta)=\theta^N(1-\theta)^{n-N}, & 0<x_1,x_2,\cdots,x_n<2,\\ 0, & \text{其他}.\end{cases}$$

取对数,得

$$\ln L(\theta)=N\ln\theta+(n-N)\ln(1-\theta),$$

两边对 θ 求导,得

$$\frac{\mathrm{d}\ln L(\theta)}{\mathrm{d}\theta}=\frac{N}{\theta}-\frac{n-N}{1-\theta}.$$

令 $\frac{\mathrm{d}\ln L(\theta)}{\mathrm{d}\theta}=0$,得 $\theta=\frac{N}{n}$,

所以,θ 的最大似然估计值为

$$\hat{\theta}=\frac{N}{n}.$$

【例 7.8】设箱中有 100 张卡片,其中每张卡片上标有"0"或"1",现从箱中有放回地每次抽出一张卡片,共取 6 次,得数据 1,1,0,1,1,1. 试用矩估计法估计标有"1"的卡片张数 r.

【解】由题可知该题为有放回抽取 6 次,相当于作 $n=6$ 的独立重复试验.

设每次抽出的卡片上的数为 X,其可能取值为 0,1,则 X 服从参数为 p 的两点分布,其中 p 为每次抽到标有"1"的卡片的概率,这里 $p=r/100$,因此只要估计出 p,即可得 r 的估计值.

由两点分布可知,$E(X)=p$,$E(X)=\overline{X}$,而根据样本观察值有

$$\overline{x}=\frac{1}{6}(1+1+0+1+1+1)=\frac{5}{6},$$

所以 $\hat{p}=\overline{x}=5/6$,

由于 $p=r/100$，于是 $\hat{r}=100\hat{p}=100\times\dfrac{5}{6}=83$.

故标有"1"的卡片张数 r 的矩估计值为 $\hat{r}=83$.

【例 7.9】设总体 X 的 k 阶原点矩存在，$X_1,X_2,\cdots,X_n$ 是来自总体 X 的一个样本. 证明无论总体服从什么分布，样本 k 阶原点矩 $A_k=\dfrac{1}{n}\sum\limits_{i=1}^{n}X_i^k$ 是总体 k 阶原点矩 $\alpha_k=E(X^k)$ 无偏估计量，样本方差 $S^2=\dfrac{1}{n-1}\sum\limits_{i=1}^{n}(X_i-\overline{X})^2$ 是总体分布方差 $D(X)=\sigma^2$ 的无偏估计量.

【证明】因为 $X_1,X_2,\cdots,X_n$ 与 X 同分布且相互独立，所以有
$$E(X_i^k)=E(X^k)=\alpha_k,\qquad i=1,2,\cdots,n.$$
故

$$E(A_k)=E\left(\frac{1}{n}\sum_{i=1}^{n}X_i^k\right)=\frac{1}{n}\sum_{i=1}^{n}E(X_i^k)=\frac{1}{n}\sum_{i=1}^{n}E(X^k)=E(X^k)=\alpha_k,$$

$$E(S^2)=E\left[\frac{1}{n-1}\sum_{i=1}^{n}(X_i-\overline{X})^2\right]$$

$$=E\left[\frac{1}{n-1}\sum_{i=1}^{n}(X_i^2-2X_i\overline{X}+\overline{X}^2)\right]=E\left[\frac{1}{n-1}\left(\sum_{i=1}^{n}X_i^2-2\sum_{i=1}^{n}X_i\overline{X}+n\overline{X}^2\right)\right]$$

$$=E\left[\frac{1}{n-1}\left(\sum_{i=1}^{n}X_i^2-2n\overline{X}^2+n\overline{X}^2\right)\right]=\frac{1}{n-1}E\left(\sum_{i=1}^{n}X_i^2-n\overline{X}^2\right)$$

$$=\frac{1}{n-1}\sum_{i=1}^{n}E(X_i^2)-\frac{n}{n-1}E(\overline{X}^2)=\frac{n}{n-1}\left[E(X^2)-E(\overline{X}^2)\right]$$

$$=\frac{n}{n-1}\left[D(X)+(E(X))^2-D(X)-(E(X))^2\right]$$

$$=D(X)=\sigma^2.$$

故样本 k 阶原点矩 $\dfrac{1}{n}\sum\limits_{i=1}^{n}X_i^k$ 是总体 k 阶原点矩 $E(X^k)$ 无偏估计量，S^2 是 σ^2 的无偏估计量.

【注】无论总体 X 服从什么分布，只要它的数学期望 $E(X)=\mu$ 存在，样本均值 $\overline{X}$ 总是总体均值 $E(X)$ 的无偏估计量，样本方差 S^2 是总体方差 $D(X)$ 的无偏估计量. 而且样本均值 $\overline{X}$ 是总体均值 $E(X)$ 的一致估计量，样本方差 S^2 也是总体方差 σ^2 的一致估计量.

【例 7.10】设 $\hat{\theta}$ 是参数 θ 的无偏估计，且有 $D(\hat{\theta})>0$，试证明 $\hat{\theta}^2$ 不是 θ^2 的无偏估计.

【分析】利用方差的常用公式 $D(X)=E(X^2)-[E(X)]^2$ 证明.

【证明】由题可知 $E(\hat{\theta})=\theta$，又根据方差常用计算公式有 $D(\hat{\theta})=E(\hat{\theta}^2)-(E(\hat{\theta}))^2$，而 $D(\hat{\theta})>0$，可以得出
$$E(\hat{\theta}^2)=D(\hat{\theta})+(E(\hat{\theta}))^2=\theta^2+D(\hat{\theta})>\theta^2,$$
因此，$\hat{\theta}^2$ 不是 θ^2 的无偏估计.

【例 7.11】设 $X_1,X_2,\cdots,X_n$ 和 $Y_1,Y_2,\cdots,Y_m$ 是两组简单随机样本，分别取自总体 $N(\mu,1)$ 和 $N(\mu,2^2)$. μ 的一个无偏估计量具有形式如 $T=a\sum\limits_{i=1}^{n}X_i+b\sum\limits_{j=1}^{m}Y_j$，试求 a,b 应满足什么条件？又当 a,b 为何值时，T 最有效？

【分析】因为 T 是 μ 的一个无偏估计量，故要求满足 $E(T)=\mu$. T 最有效，只需要证明其

方差最小.

【解】$E(T) = E\left(a\sum_{i=1}^{n}X_i + b\sum_{j=1}^{m}Y_j\right) = a\sum_{i=1}^{n}E(X_i) + b\sum_{j=1}^{m}E(Y_j)$

$\qquad\qquad = an\mu + bm\mu = (an+bm)\mu,$

当 $an+bm=1$ 时,$E(T)=\mu$. 故 a,b 应满足条件 $an+bm=1$.

要求 T 最有效,则应使其方差最小. 而方差

$$D(T) = a^2\sum_{i=1}^{n}D(X_i) + b^2\sum_{j=1}^{m}D(Y_j) = a^2 \times n + b^2 \times 4m,$$

代入 $an+bm=1$ 关系式,得

$$D(T) = (1-bm)^2/n + 4mb^2,$$

令 $\dfrac{\mathrm{d}D(T)}{\mathrm{d}b} = -\dfrac{2m}{n}(1-bm) + 8bm = 0$,得

$$b = \frac{1}{m+4n}, a = (1-bm)/n = 4/m + 4n = 4b.$$

因为 $\dfrac{\mathrm{d}^2 D(T)}{\mathrm{d}b^2} = \dfrac{2m^2}{n} + 8m > 0$,

故当 $b = \dfrac{1}{m+4n}, a = 4b$ 时,$D(T)$ 最小,即此时估计量 T 最有效.

【例 7.12】设 $X_1, X_2, \cdots, X_n$ 是取自总体 X 的样本,且 $E(X)=\mu, D(X)=\sigma^2$,统计量 $\hat{\sigma}^2 = c\sum_{i=1}^{n-1}(X_{i+1} - X_i)^2$,问 c 为何值时,$\hat{\sigma}^2$ 为 σ^2 的无偏估计量.

【分析】利用数学期望的性质,直接根据无偏估计的定义证明.

【解】令 $Y_i = X_{i+1} - X_i \quad (i=1,2,\cdots,n-1)$

则 $E(Y_i) = E(X_{i+1}) - E(X_i) = \mu - \mu = 0, D(Y_i) = 2\sigma^2 \quad (i=1,2,\cdots,n-1)$,

于是,$E(\hat{\sigma}^2) = E\left[c\left(\sum_{i=1}^{n-1}Y_i^2\right)\right] = c(n-1)E(Y_1^2) = 2\sigma^2(n-1)c$,

那么当 $E(\sigma^2) = \sigma^2$,即 $2\sigma^2(n-1)c = \sigma^2$ 时,有

$$c = \frac{1}{2(n-1)}.$$

【例 7.13】设 $X_1, X_2, \cdots, X_n$ 是来自总体 $F(x,\theta)$ 的一个样本,$\hat{\theta}_n(X_1, \cdots, X_n)$ 是 θ 的一个估计量,若 $E(\hat{\theta}_n) = \theta + k_n, D(\hat{\theta}_n) = \sigma_n^2$,且 $\lim\limits_{n\to\infty}k_n = \lim\limits_{n\to\infty}\sigma_n^2 = 0$,试证明 $\hat{\theta}_n$ 是 θ 的一致估计量.

【证明】由契比雪夫不等式,对任意的 $\varepsilon > 0$,有

$$P(|\hat{\theta}_n - \theta - k_n| \geqslant \varepsilon) \leqslant \frac{D(\hat{\theta}_n)}{\varepsilon^2},$$

于是 $\qquad\qquad 0 \leqslant \lim\limits_{n\to\infty}P(|\hat{\theta}_n - \theta - k_n| \geqslant \varepsilon) \leqslant \lim\limits_{n\to\infty}\frac{\sigma_n^2}{\varepsilon} = 0,$

即 $\hat{\theta}_n$ 依概率收敛于 θ,故 $\hat{\theta}_n$ 是 θ 的一致估计量.

【例 7.14】(2008 年考研题)设 $X_1, X_2, \cdots, X_n$ 是总体为 $N(\mu,\sigma^2)$ 的简单随机样本. 记 $\overline{X} = \dfrac{1}{n}\sum_{i=1}^{n}X_i, S^2 = \dfrac{1}{n-1}\sum_{i=1}^{n}(X_i - \overline{X})^2, T = \overline{X}^2 - \dfrac{1}{n}S^2.$

(1) 证明 T 是 μ^2 的无偏估计量.

(2) 当 $\mu=0,\sigma=1$ 时,求 $D(T)$.

【分析】 要证明无偏估计,只需要满足 $E(T)=\mu^2$.要求 T 需要利用 $\overline{X}^2$ 和 S^2 的独立性,以及抽样分布证明.

【解】 (1) 因为 $X\sim N(\mu,\sigma^2)$,所以 $\overline{X}\sim N\left(\mu,\dfrac{\sigma^2}{n}\right)$,从而 $E(\overline{X})=\mu,D(\overline{X})=\dfrac{\sigma^2}{n}$.

因为
$$E(T)=E\left(\overline{X}^2-\frac{1}{n}S^2\right)=E(\overline{X}^2)-\frac{1}{n}E(S^2)$$
$$=D(\overline{X})+E(\overline{X})^2-\frac{1}{n}E(S^2)$$
$$=\frac{1}{n}\sigma^2+\mu^2-\frac{1}{n}\sigma^2=\mu^2,$$

所以,T 是 μ^2 的无偏估计.

(2) 方法一:$D(T)=E(T^2)-[E(T)]^2,E(T)=0,E(S^2)=\sigma^2=1$,

所以
$$D(T)=E(T^2)=E\left[\overline{X}^4-\frac{2}{n}\overline{X}^2\cdot S^2+\frac{S^4}{n^2}\right]$$
$$=E(\overline{X}^4)-\frac{2}{n}E(\overline{X}^2)\cdot E(S^2)+\frac{1}{n^2}E(S^4).$$

因为 $X\sim N(0,1)$,所以 $\overline{X}\sim N\left(0,\dfrac{1}{n}\right)$,有
$$E(\overline{X})=0,D(\overline{X})=\frac{1}{n},E(\overline{X}^2)=D(\overline{X})+E(\overline{X})^2=\frac{1}{n},$$

所以
$$E(\overline{X}^4)=D(\overline{X}^2)+[E(\overline{X}^2)]^2=D\left(\frac{1}{\sqrt{n}}\cdot\sqrt{n}\overline{X}\right)^2+[D(\overline{X})+E^2(\overline{X})]^2$$
$$=\frac{1}{n^2}D\left[(\sqrt{n}\overline{X})^2\right]+[D(\overline{X})]^2$$
$$=\frac{1}{n^2}\cdot 2+\left(\frac{1}{n}\right)^2=\frac{3}{n^2},$$
$$E(S^4)=E[(S^2)^2]=D(S^2)+[E(S^2)]^2=D(S^2)+1,$$

因为 $W=\dfrac{(n-1)S^2}{\sigma^2}=(n-1)S^2\sim\chi^2(n-1)$,所以 $D(W)=2(n-1)$.

又因为 $D(W)=(n-1)^2D(S^2)$,所以 $D(S^2)=\dfrac{2}{n-1}$,则有
$$E(S^2)=\frac{2}{n-1}+1=\frac{n+1}{n-1},$$

所以
$$D(T)=E(T^2)=\frac{3}{n^2}-\frac{2}{n}\cdot\frac{1}{n}\cdot 1+\frac{1}{n^2}\cdot\frac{n+1}{n-1}=\frac{2}{n(n-1)}.$$

方法二:当 $\mu=0,\sigma=1$ 时,
$$D(T)=D\left(\overline{X}^2-\frac{1}{n}S^2\right)\quad(\text{注意 }\overline{X}\text{ 和 }S^2\text{ 独立})$$

$$=D(\overline{X}^2)+\frac{1}{n^2}D(S^2)$$

$$=\frac{1}{n^2}D[(\sqrt{n}\,\overline{X})^2]+\frac{1}{n^2}\cdot\frac{1}{(n-1)^2}D[(n-1)S^2]$$

$$=\frac{2}{n^2}+\frac{1}{n^2}\frac{1}{(n-1)^2}2(n-1)$$

$$=\frac{2}{n(n-1)}.$$

【例 7.15】从一批钉子中抽取 16 枚,测得其长度为(单位:cm)

$$2.14,\quad 2.10,\quad 2.13,\quad 2.15,\quad 2.13,\quad 2.12,\quad 2.13,\quad 2.10,$$
$$2.15,\quad 2.12,\quad 2.14,\quad 2.10,\quad 2.13,\quad 2.11,\quad 2.14,\quad 2.11.$$

设钉长分布为正态分布 $N(\mu,\sigma^2)$,其中 $\sigma=0.01$(cm).试求总体期望值 μ 的置信度为 90% 的置信区间.

【分析】该题属于总体方差 σ^2 已知对期望的区间估计.

【解】设 $X_1,X_2,\cdots,X_n$ 为来自总体 X 的样本($n=16$),由于总体 $X\sim N(\mu,\sigma^2)$,$\sigma=0.01$ 已知,于是选取统计量

$$\frac{\overline{X}-\mu}{\sigma/\sqrt{n}}\sim N(0,1),$$

从而得到 μ 的一个置信度为 $1-\alpha$ 的置信区间 $\left(\overline{x}-\frac{\sigma}{\sqrt{n}}u_{\alpha/2},\overline{x}+\frac{\sigma}{\sqrt{n}}u_{\alpha/2}\right)$.

根据样本观测值计算得样本均值 $\overline{x}=2.125$,又由 $\alpha=1-0.90=0.1$,查正态分布表得 $u_{\alpha/2}=1.645$.

故 μ 的置信度为 0.9 的置信区间为

$$\left(\overline{x}-\frac{\sigma}{\sqrt{n}}u_{\alpha/2},\overline{x}+\frac{\sigma}{\sqrt{n}}u_{\alpha/2}\right)=(2.1209,2.1291).$$

【例 7.16】设某种清漆的干燥时间总体服从正态分布 $N(\mu,\sigma^2)$,随机抽取 9 个样品,得其干燥时间(以小时计)分别为

$$6.0,5.7,5.8,6.3,7.0,6.5,5.6,6.1,5.0,$$

求 μ 的置信度为 0.95 的置信区间.

【分析】该题属于总体方差 σ^2 未知对期望的区间估计.

【解】由于 μ,σ^2 均未知,故选取统计量

$$\frac{\overline{X}-\mu}{S/\sqrt{n}}\sim t(n-1),$$

从而得到 μ 的一个置信度为 $1-\alpha$ 的置信区间 $\left(\overline{x}-\frac{s}{\sqrt{n}}t_{\alpha/2}(n-1),\overline{x}+\frac{s}{\sqrt{n}}t_{\alpha/2}(n-1)\right)$.

由 $n=9,\alpha=1-0.95=0.05$,查 t 分布表得 $t_{\alpha/2}(n-1)=t_{0.025}(8)=2.060$,又根据样本观测值计算得 $\overline{x}=\frac{1}{9}(6.0+5.7+\cdots+5.0)=6,s^2=\frac{1}{8}\sum_{i=1}^{9}(x_i-\overline{x})=0.33$,故 μ 的置信度为 0.9 的置信区间为

$$\left(\overline{x}-t_{0.025}(8)\frac{s}{\sqrt{n}},\overline{x}+t_{0.025}(8)\frac{s}{\sqrt{n}}\right)=(5.56,6.64).$$

【例 7.17】为了了解在校男生的平均身高,抽查了 400 名在校男生,求得该 400 名男生的平均身高为 166(cm),假定由经验知道全体男生身高的总体方差为 16,试求在校男生的平均身高的置信区间($\alpha=0.01$).

【分析】本题在校男生身高分布未知,但因样本容量 $n=400$ 很大,根据中心极限定理,无论原来是什么分布,都可近似为正态分布.因此男生身高 X 可认为近似地服从正态分布.

【解】设 X 表示男生身高,则由题可知 $X \sim N(\mu, 16)$,方差 $\sigma^2=16$ 已知.

选取随机变量 $\dfrac{\overline{X}-\mu}{\sigma/\sqrt{n}} \sim N(0,1)$,从而得到 μ 的一个置信度为 $1-\alpha$ 的置信区间为 $\left(\overline{x}-\dfrac{\sigma}{\sqrt{n}}u_{\alpha/2}, \overline{x}+\dfrac{\sigma}{\sqrt{n}}u_{\alpha/2}\right)$.

由 $\alpha=0.01$,查标准正态分布表,得 $u_{\frac{\alpha}{2}}=u_{0.005}=2.57$.

由题已知,$n=400, \sigma=4, \overline{x}=166$,代入计算得在校男生的平均身高的置信度为 0.99 的置信区间为

$$\left(\overline{x}-\frac{\sigma}{\sqrt{n}}u_{0.005}, \overline{x}+\frac{\sigma}{\sqrt{n}}u_{0.005}\right) = \left(166-\frac{4}{\sqrt{400}} \times 2.57, 166+\frac{4}{\sqrt{400}} \times 2.57\right)$$

$$= \left(166-\frac{2.57}{5}, 166+\frac{2.57}{5}\right) = (165.486, 166.514).$$

第八章

假 设 检 验

一、基本要求

(1) 了解假设的概念及其主要类型,理解显著性检验的基本思想,熟练掌握假设检验的基本步骤,会根据具体问题构造简单假设的显著性检验.

(2) 理解假设检验的两类错误,并且对于较简单的情形,会计算两类错误的概率.

(3) 熟练掌握单个正态总体参数的假设检验,了解两个正态总体参数的假设检验.

二、内容提要

假设检验是指在总体上作某项假设,用从总体中随机抽取的一个样本值来检验此项假设是否成立.假设检验可分为两类:一类是总体分布形式已知,为了推断总体的某些性质,对某参数作某种假设,一般对数字特征作假设,用样本值来检验此项假设是否成立,此类假设称为参数假设检验;另一类是总体形式未知,对总体分布做某种假设,如假设总体服从泊松分布,用样本值来检验假设是否成立,称此类检验为分布假设检验.我们重点掌握对参数的假设检验.

(一) 基本概念

1. 假设

假设指关于总体的论断或命题、猜测或推测、设想或假说.为便于叙述,常用字母 H 表示假设.

二者必居其一的假设 H_0 和 H_1,其中一个称为基本假设,而另一个则称为备择假设.一般,用 H_0 表示基本假设,而用 H_1 表示备择假设.基本假设亦称为原假设或零假设,备择假设亦称为对立假设.对于两个相互对立的假设,一般把欲重点考察而且统计分析便于操作和处理的假设视为基本假设,并且在统计分析的过程中始终假定基本假设成立.例如,以 p 表示不合格品率,以 p_0 表示给定的值,则基本假设为 $H_0: p = p_0$,而备择假设为 $H_1: p \neq p_0$;又如

基本假设为 H_0:两个地区人口的性别比相同,而备择假设为 H_1:两个地区人口的性别比不同……

如何选择原假设 H_0,我们建议根据以下三原则.

(1)尽量使后果严重的错误成为第一类错误,因为显著性检验可以有效地控制犯第一类错误的可能性;

(2)当我们的目的是希望从样本观测值获得对某一陈述强有力的支持时,就把这一陈述的否定作为原假设 H_0;

(3)根据历史资料所提供的陈述作为原假设 H_0.

假设检验是控制犯第一类错误的概率,所以检验法本身对原假设起保护的作用,决不轻易拒绝原假设,因此原假设与备择假设的地位是不相等的,正因为如此,常常把那些保守的、历史的、经验的取为原假设,而把那些猜测的、可能的、预期的取为备择假设.

2. 假设检验

对总体的分布提出某种假设,然后在这个假设成立的条件下利用样本所提供的信息,根据统计推断原理对假设作出"接受"还是"拒绝"的判断,这一类统计推断问题统称为假设检验.

统计推断原理是指小概率事件在一次试验中是不太可能发生的.使用的方法是概率反证法.所谓概率反证法的逻辑是:如果小概率事件在一次试验中居然发生,我们就以很大的把握否定原假设.

如果做了一次试验,这个小概率事件居然发生了,当然有理由怀疑这个事件究竟是不是小概率事件,进而怀疑计算这个概率时用的假设的正确性,从而作出与假设相反的推断,即有理由拒绝原假设;如果小概率事件在一次试验中没有发生,则认为没有理由拒绝原来的假设.

3. 两类错误

假设检验的主要依据是"小概率事件在一次试验中是不太可能发生的",而小概率事件并非绝对不发生.另一方面,假设检验方法是依据局部样本对总体进行推断,由于样本的随机性和局部性,不能完全反映整体特性,因此这种推断难免会作出错误的判断.通常可能犯如下两类错误:一种是当假设 H_0 为真时,依据样本的一次观测值作出拒绝 H_0 的结论;另一种是当 H_0 不真时,却作出了接受 H_0 的结论.前者称为第一类错误,又叫弃真错误;后者称为第二类错误,又叫取伪错误(见表8.1).

表 8.1 假设检验的两类错误

决定	实际情况	
	H_0 为真	H_0 不真
拒绝 H_0	弃真错误	正确
接受 H_0	正确	取伪错误

第一类和第二类错误概率相应地表示为

$$\alpha(\theta) = P(拒绝\ H_0 \mid H_0 为真),$$
$$\beta(\theta) = P(接受\ H_0 \mid H_0 不真).$$

两类错误是互相关联的.当样本容量固定时,一类错误概率的减少导致另一类错误概率的增加.要同时降低两类错误的概率 α, β,或者要在 α 不变的条件下降低 β,需要增加样本容量.显著性检验只控制第一类错误概率,显著性水平是第一类错误概率的最大容许值.

4. 显著性水平

对于根据检验问题的要求,选择的一个"充分小"的数 $\alpha(0<\alpha<1)$,当事件 A 的概率 $P(A)\leqslant\alpha$ 时,就认为 A 是"实际不可能事件",而 α 称作显著性水平,也称检验水平.在一个实际问题中,显著性水平 α 究竟应取多大往往要由实际工作者根据第一类错误造成的损失大小来选定,一般常取接近于 0 的正数 0.001,0.01,0.05,0.10 等.

(二) 单个正态总体 $N(\mu,\sigma^2)$ 均值 μ 的检验

1. σ^2 已知时对 μ 的双侧检验(u 检验)

(1) 假设 $H_0:\mu=\mu_0$,$H_1:\mu\neq\mu_0$;

(2) 选取统计量 $U=\dfrac{\overline{X}-\mu}{\sigma/\sqrt{n}}\sim N(0,1)$;

(3) 根据显著性水平 α,查标准正态分布表,由 $\Phi(u_{\alpha/2})=1-\alpha/2$,得临界值 $u_{\alpha/2}$;

(4) 若根据样本值计算,有 $|u|=\left|\dfrac{\overline{x}-\mu}{\sigma/\sqrt{n}}\right|<u_{\alpha/2}$,则接受 H_0;否则,拒绝 H_0.

2. σ^2 已知时对 μ 的单侧检验(u 检验)

(1) 假设 $H_0:\mu\leqslant\mu_0$(或 $\mu\geqslant\mu_0$),$H_1:\mu>\mu_0$(或 $\mu<\mu_0$);

(2) 选取 $U=\dfrac{\overline{X}-\mu}{\sigma/\sqrt{n}}\sim N(0,1)$;

(3) 根据显著性水平 α,查标准正态分布表,由 $\Phi(u_\alpha)=1-\alpha$,得临界值 u_α;

(4) 若根据样本值计算,有 $u=\dfrac{\overline{x}-\mu}{\sigma/\sqrt{n}}<u_\alpha\left(\text{或 }u=\dfrac{\overline{x}-\mu}{\sigma/\sqrt{n}}>-u_\alpha\right)$,则接受 H_0;否则,拒绝 H_0.

3. σ^2 未知时对 μ 的双侧检验(t 检验)

(1) 假设 $H_0:\mu=\mu_0$,$H_1:\mu\neq\mu_0$;

(2) 选取统计量 $T=\dfrac{\overline{X}-\mu}{S/\sqrt{n}}\sim t(n-1)$;

(3) 根据显著性水平 α,查 t 分布表,得临界值 $t_{\alpha/2}(n-1)$;

(4) 若根据样本值计算,有 $|t|=\left|\dfrac{\overline{x}-\mu}{s/\sqrt{n}}\right|<t_{\alpha/2}(n-1)$,则接受 H_0;否则,拒绝 H_0.

单个正态总体均值的检验见表 8.2.

表 8.2　单个正态总体均值的检验

假设		基本假设 H_0 的接受域	
H_0	H_1	u 检验	t 检验
$\mu=\mu_0$	$\mu\neq\mu_0$	$\left\|\dfrac{\overline{x}-\mu}{\sigma/\sqrt{n}}\right\|<u_{\alpha/2}$	$\left\|\dfrac{\overline{x}-\mu}{s/\sqrt{n}}\right\|<t_{\alpha/2}(n-1)$
$\mu\leqslant\mu_0$	$\mu>\mu_0$	$u=\dfrac{\overline{x}-\mu}{\sigma/\sqrt{n}}<u_\alpha$	$\dfrac{\overline{x}-\mu}{s/\sqrt{n}}<t_\alpha(n-1)$
$\mu\geqslant\mu_0$	$\mu<\mu_0$	$u=\dfrac{\overline{x}-\mu}{\sigma/\sqrt{n}}>-u_\alpha$	$\dfrac{\overline{x}-\mu}{s/\sqrt{n}}>-t_\alpha(n-1)$

（三）单个正态总体 $N(\mu,\sigma^2)$ 方差 σ^2 的检验（χ^2 检验）

1. μ 已知时对 σ^2 的检验

（1）假设 $H_0 : \sigma^2 = \sigma_0^2, H_1 : \sigma^2 \neq \sigma_0^2$；

（2）选取统计量 $\chi^2 = \sum\limits_{i=1}^{n} \left(\dfrac{X_i - \mu}{\sigma} \right)^2 \sim \chi^2(n)$；

（3）根据显著性水平 α，查 χ^2 分布表，得临界值 $\chi_{\alpha/2}^2(n), \chi_{1-\alpha/2}^2(n)$；

（4）若根据样本值计算，有 $\chi_{1-\alpha/2}^2(n) < \chi^2 < \chi_{\alpha/2}^2(n)$，则接受 H_0；否则，拒绝 H_0.

2. μ 未知时对 σ^2 的检验

（1）假设 $H_0 : \sigma^2 = \sigma_0^2, H_1 : \sigma^2 \neq \sigma_0^2$；

（2）选取统计量 $\chi^2 = \dfrac{(n-1)S^2}{\sigma^2} \sim \chi^2(n-1)$；

（3）根据显著性水平 α，查 χ^2 分布表，得临界值 $\chi_{\alpha/2}^2(n-1), \chi_{1-\alpha/2}^2(n-1)$；

（4）若根据样本值计算，有 $\chi_{1-\alpha/2}^2(n-1) < \chi^2 < \chi_{\alpha/2}^2(n-1)$，则接受 H_0；否则，拒绝 H_0.
单个正态总体方差的检验见表 8.3.

表 8.3　单个正态总体方差的检验

假设		基本假设 H_0 的接受域	
H_0	H_1	μ 已知	μ 未知
$\sigma^2 = \sigma_0^2$	$\sigma^2 \neq \sigma_0^2$	$\chi_{1-\frac{\alpha}{2}}^2(n) < \sum\limits_{i=1}^{n} \left(\dfrac{x_i-\mu}{\sigma} \right)^2 < \chi_{\frac{\alpha}{2}}^2(n)$	$\chi_{1-\frac{\alpha}{2}}^2(n-1) < \dfrac{(n-1)s^2}{\sigma^2} < \chi_{\frac{\alpha}{2}}^2(n-1)$
$\sigma^2 \leqslant \sigma_0^2$	$\sigma^2 > \sigma_0^2$	$\sum\limits_{i=1}^{n} \left(\dfrac{x_i-\mu}{\sigma} \right)^2 < \chi_{\alpha}^2(n)$	$\dfrac{(n-1)s^2}{\sigma^2} < \chi_{\alpha}^2(n-1)$
$\sigma^2 \geqslant \sigma_0^2$	$\sigma^2 < \sigma_0^2$	$\sum\limits_{i=1}^{n} \left(\dfrac{x_i-\mu}{\sigma} \right)^2 > \chi_{1-\alpha}^2(n)$	$\dfrac{(n-1)s^2}{\sigma^2} > \chi_{1-\alpha}^2(n-1)$

（四）两个正态总体 $N(\mu_1,\sigma^2;\mu_2,\sigma^2)$ 的检验

1. 均值差的检验

设 $X_1,\cdots,X_{n_1}$ 是 $N(\mu_1,\sigma^2)$ 的样本，$Y_1,\cdots,Y_{n_2}$ 是 $N(\mu_2,\sigma^2)$ 的样本，且两样本相互独立.
它们的样本均值及样本方差分别记为 $\overline{X},\overline{Y}$ 及 S_1^2,S_2^2，又设 μ_1,μ_2,σ^2 均未知.（注：这里假定两总体的方差是相等的，即 $\sigma^2 = \sigma_1^2 = \sigma_2^2$.）

（1）假设 $H_0 : \mu_1 = \mu_2, H_1 : \mu_1 \neq \mu_2$；

（2）选取统计量 $T = \dfrac{(\overline{X}-\overline{Y}) - 0}{S_w \sqrt{\dfrac{1}{n_1} + \dfrac{1}{n_2}}} \sim t(n_1+n_2-2)$，其中 $S_w^2 = \dfrac{(n_1-1)S_1^2 + (n_2-1)S_2^2}{n_1+n_2-2}$；

（3）根据显著性水平 α，查 t 分布表，得临界值 $t_{\alpha/2}(n_1+n_2-2)$；

（4）若根据样本值计算，有 $|t| = \left| \dfrac{\overline{x}-\overline{y}}{s_w \sqrt{\dfrac{1}{n_1} + \dfrac{1}{n_2}}} \right| < t_{\alpha/2}(n_1+n_2-2)$，则接受 H_0；否则，拒绝 H_0.

2. 方差比的检验(F 检验)

设 $X_1,\cdots,X_{n_1}$ 是来自总体 $N(\mu_1,\sigma_1^2)$ 的样本,$Y_1,\cdots,Y_{n_2}$ 是来自总体 $N(\mu_2,\sigma_2^2)$ 的样本,且两样本相互独立.它们的样本方差分别为 S_1^2,S_2^2.

(1) 假设 $H_0:\dfrac{\sigma_1^2}{\sigma_2^2}=1$,即 $\sigma_1^2=\sigma_2^2$,$H_1:\sigma_1^2\neq\sigma_2^2$;

(2) 选取统计量 $F=\dfrac{S_1^2/\sigma_1^2}{S_2^2/\sigma_2^2}=\dfrac{S_1^2}{S_2^2}\sim F(n_1-1,n_2-1)$;

(3) 根据显著性水平 α,查 F 分布表得临界值 $F_{1-\alpha/2}(n_1-1,n_2-1),F_{\alpha/2}(n_1-1,n_2-1)$;

(4) 若根据样本值计算,有 $F_{1-\alpha/2}(n_1-1,n_2-1)<\dfrac{s_1^2}{s_2^2}<F_{\alpha/2}(n_1-1,n_2-1)$,则接受 H_0;否则,拒绝 H_0.

两个正态总体均值差与方差比的检验分别见表 8.4、表 8.5.

表 8.4 两个正态总体均值差的检验

假设		基本假设 H_0 的接受域	
H_0	H_1	σ_1^2,σ_2^2 已知(u 检验)	$\sigma_1^2=\sigma_2^2=\sigma^2$ 未知(t 检验)
$\mu_1-\mu_2=\delta$	$\mu_1-\mu_2\neq\delta$	$\left\|\dfrac{\bar{x}-\bar{y}-\delta}{\sqrt{\dfrac{s_1^2}{n_1}+\dfrac{s_2^2}{n_2}}}\right\|<u_{\alpha/2}$	$\left\|\dfrac{\bar{x}-\bar{y}-\delta}{s_w\sqrt{\dfrac{1}{n_1}+\dfrac{1}{n_2}}}\right\|<t_{\alpha/2}(n_1+n_2-2)$
$\mu_1-\mu_2\leq\delta$	$\mu_1-\mu_2>\delta$	$\dfrac{\bar{x}-\bar{y}-\delta}{\sqrt{\dfrac{s_1^2}{n_1}+\dfrac{s_2^2}{n_2}}}<u_\alpha$	$\dfrac{\bar{x}-\bar{y}-\delta}{s_w\sqrt{\dfrac{1}{n_1}+\dfrac{1}{n_2}}}<t_\alpha(n_1+n_2-2)$
$\mu_1-\mu_2\geq\delta$	$\mu_1-\mu_2<\delta$	$\dfrac{\bar{x}-\bar{y}-\delta}{\sqrt{\dfrac{s_1^2}{n_1}+\dfrac{s_2^2}{n_2}}}>-u_\alpha$	$\dfrac{\bar{x}-\bar{y}-\delta}{s_w\sqrt{\dfrac{1}{n_1}+\dfrac{1}{n_2}}}>-t_\alpha(n_1+n_2-2)$

表 8.5 两个正态总体方差比的检验(F 检验)

假设		基本假设 H_0 的接受域
H_0	H_1	μ_1,μ_2 未知
$\sigma_1^2=\sigma_2^2$	$\sigma_1^2\neq\sigma_2^2$	$F_{1-\alpha/2}(n_1-1,n_2-1)<\dfrac{s_1^2}{s_2^2}<F_{\alpha/2}(n_1-1,n_2-1)$
$\sigma_1^2\leq\sigma_2^2$	$\sigma_1^2>\sigma_2^2$	$\dfrac{s_1^2}{s_2^2}<F_{\alpha/2}(n_1-1,n_2-1)$
$\sigma_1^2\geq\sigma_2^2$	$\sigma_1^2<\sigma_2^2$	$F_{1-\alpha/2}(n_1-1,n_2-1)<\dfrac{s_1^2}{s_2^2}$

三、典型例题

【例 8.1】 在一次社交聚会中,一位女士宣称她能区分在熬好的咖啡中,是先加奶还是先加糖,并当场试验,结果 8 杯中判断正确 7 杯.但因她未完全说正确,有人怀疑她的能力!该如何证明她的能力呢?

【分析】对该女士而言,每杯咖啡都有两种状态:猜中,未猜中.由题可知,猜了 8 杯相当于做了 8 次独立试验,设每杯咖啡猜中的概率为 p,故该题属于二项分布的假设检验.

【解】假设 $H_0:p=\dfrac{1}{2}$(即该女士仅凭猜测判断),$H_1:p>\dfrac{1}{2}$(即该女士确有判断力).

在该假设下,$P(8\ \text{杯中猜对 7 杯以上})=\sum\limits_{k=7}^{8}C_8^k p^k (1-p)^{8-k}=0.0352.$

显然,这是一个小概率事件,但是在一次试验中它发生了,因此,拒绝原假设 H_0,即认为该女士确有鉴别能力.

【例 8.2】假定工厂生产的工件直径标准为 $\mu_0=2(\text{cm})$,用 X 表示新工艺生产的工件直径总体(服从正态分布).从采用新工艺生产的产品中抽取出 100 个,算得直径 $\bar{x}=1.978$ (cm),问 $\bar{x}$ 与 μ_0 的差异是否反映了工艺条件的改变引起工件直径发生了显著的变化?(已知 $\sigma=\sigma_0=0.1,\alpha=0.10$)

【分析】显然,该题考查的是方差 $\sigma=\sigma_0=0.1$ 已知,对期望 μ 进行 u 检验的知识点.

【解】(1) 假设 $H_0:\mu=2,H_1:\mu\neq2$;

(2) 选取统计量 $U=\dfrac{\bar{X}-\mu}{\sigma/\sqrt{n}}\sim N(0,1)$;

(3) 由 $\alpha=0.10$,查标准正态分布表,由 $\Phi(u_{\alpha/2})=1-\alpha/2=0.95$,得临界值 $u_{\alpha/2}=1.645$;

(4) 根据样本值计算,$\bar{x}=1.978,n=100$,有

$$|u|=\left|\dfrac{\bar{x}-\mu}{\sigma/\sqrt{n}}\right|=\dfrac{|1.978-2|}{0.1/10}=2.2>u_{\alpha/2}=1.645,$$

所以拒绝 H_0,即认为新工艺对工件有显著的影响.

【例 8.3】某系统中装有 1024 个同类元件,对系统进行一次周期性检查,更换了其中 18 个元件,是否可认为该批元件的更新率 p 为 0.03?(取 $\alpha=0.01$)

【分析】对元件而言,都是只有两种状态:需要更换,不需要更换.设每个元件需要更换的概率为 p,由题可知,对系统进行一次周期性检查相当于做了 1024 次独立试验,故该题属于二项分布的假设检验.由于二项分布中 $n=1024$ 足够大,因此可以利用正态分布近似计算二项分布.

【解】令 X 表示 1024 个元件中需更换的个数,则 $X\sim B(n,p)$,其中 $n=1024$.

(1) 假设 $H_0:p=0.03,H_1:p\neq0.03$;

(2) 由中心极限定理,可知 $\dfrac{X-np}{\sqrt{np(1-p)}}\sim N(0,1)$;

(3) 由 $\alpha=0.01$,查标准正态分布表,由 $\Phi(u_{\alpha/2})=1-\alpha/2=0.995$,得临界值 $u_{\alpha/2}=2.575$;

(4) 根据样本值计算,有

$$|u|=\left|\dfrac{x-np}{\sqrt{np(1-p)}}\right|=\left|\dfrac{18-1024\times0.03}{\sqrt{1024\times0.03\times0.97}}\right|=2.330<u_{\alpha/2}=2.575,$$

所以接受 H_0,即可认为元件更新率为 0.03.

【例 8.4】现要求一种元件的使用寿命不得低于 1000h.今从一批这种元件中随机地抽取 25 件,测得寿命的平均值为 994h,已知该种元件的寿命 $X\sim N(\mu,15^2)$,试在显著性水平 $\alpha=0.05$ 的条件下,确定这批元件是否合格.

【分析】根据题目,元件如果合格,那么其使用寿命不得低于 1000h,所以该题属于方差

已知,对均值的单侧检验.

【解】(1) 假设 $H_0:\mu \geqslant 1000, H_1:\mu < \mu_0 = 1000$;

(2) 选取 $U = \dfrac{\overline{X} - \mu}{\sigma/\sqrt{n}} \sim N(0,1)$;

(3) 由 $\alpha = 0.05$,查标准正态分布表,由 $\Phi(u_\alpha) = 1 - \alpha = 0.95$,得临界值 $u_\alpha = 1.645$;

(4) 根据样本值计算,有

$$\frac{\overline{x} - \mu_0}{\sigma/\sqrt{n}} = \frac{994 - 1000}{15/\sqrt{25}} = -2 < -1.64,$$

故拒绝原假设 H_0,即认为这批元件不合格.

【例 8.5】某种电子元件的寿命 X(以小时计)服从正态分布 $N(\mu, \sigma^2)$,μ, σ^2 均未知.现测得 16 只元件的寿命如下.

$$159 \quad 280 \quad 101 \quad 212 \quad 224 \quad 379 \quad 179 \quad 264$$
$$362 \quad 168 \quad 250 \quad 149 \quad 260 \quad 485 \quad 170 \quad 222$$

问是否有理由认为元件的平均寿命等于 225(小时).(取 $\alpha = 0.05$)

【分析】由于 μ, σ^2 均未知,该题考查的是对期望 μ 进行 t 检验的知识点.

【解】(1) 假设 $H_0:\mu = 225, H_1:\mu \neq 225$;

(2) 选取统计量 $T = \dfrac{\overline{X} - \mu}{S/\sqrt{n}} \sim t(n-1)$;

(3) 由于 $\alpha = 0.05, n = 16$,查 t 分布表得 $t_{\alpha/2}(n-1) = t_{0.025}(15) = 2.1315$;

(4) 根据样本值计算得,$\overline{x} = 241.5, s = 98.7259$,则有

$$|t| = \left| \frac{\overline{x} - \mu_0}{s/\sqrt{n}} \right| = 0.6685 < 2.1315 = t_{0.025}(15),$$

故接受 $H_0:\mu = \mu_0 = 225$,即认为元件的平均寿命与 225(小时)无明显差异.

【例 8.6】有两台光谱仪 I_x, I_y,用来测量材料中某种金属的含量,为鉴定它们的测量结果有无显著的差异,制备了 9 件试块(它们的成分、金属含量、均匀性等均各不相同),现在分别用这两台仪器对每一试块测量一次,得到 9 对观察值如下.

$x(\%)$	0.20	0.30	0.40	0.50	0.60	0.70	0.80	0.90	1.00
$y(\%)$	0.10	0.21	0.52	0.32	0.78	0.59	0.68	0.77	0.89
$d=(x-y)(\%)$	0.10	0.09	−0.12	0.18	−0.18	0.11	0.12	0.13	0.11

问能否认为这两台仪器的测量结果有显著差异(取 $\alpha = 0.01$)?

【分析】本题中的数据是成对的,即对同一试块测出一对数据,两个数据的差异则可看成是仅由这两台仪器的性能的差异所引起的.各对数据的差记为 $d_i = x_i - y_i$,假设 $D_1, D_2, \cdots, D_9$ 是来自正态总体 $N(\mu_d, \sigma^2)$ 的样本,这里的 μ_d, σ^2 均未知.如果两台仪器的性能一样,则各对数据的差异 $d_1, d_2, \cdots, d_9$ 属随机误差,而随机误差 D 可以认为服从正态分布,其均值为零.因此本题归结为方差未知时对单个正态总体均值的检验假设.

【解】(1) 假设 $H_0:\mu_d = 0, H_1:\mu_d \neq 0$(由于 σ^2 未知);

(2) 在 H_0 成立下,选取检验统计量 $T = \dfrac{\overline{D} - \mu}{S/\sqrt{n}} \sim t(n-1)$;

（3）对给定的检验水平 $\alpha = 0.01$，$n = 9$，查 t 分布表得 $t_{\alpha/2}(n-1) = t_{0.005}(8) = 3.3554$；

（4）根据样本值得 $\bar{d} = 0.06$，$s = 0.1227$，则有

$$|t| = \frac{0.06}{0.1227/\sqrt{9}} = 1.467 < t_{\alpha/2}(n-1) = 3.3554,$$

故接受 H_0，认为两台仪器的测量结果无显著性差异.

【例 8.7】 某工厂采用新法处理废水，对处理后的水测量所含某种有毒物质的浓度，得到 10 个数据（单位：mg/L）：

$$22,14,17,13,21,16,15,16,19,18,$$

而以往用老方法处理废水后，该种有毒物质的平均浓度为 19. 问新方法是否比老法效果好？（假设检验水平 $\alpha = 0.05$，有毒物质浓度 $X \sim N(\mu,\sigma^2)$）

【分析】 若新法比老办法效果好，则有毒物质平均浓度应低于老办法处理后的有毒物质平均浓度，设为 $\mu_0 = 19$. 故应设待检验原假设 H_0 为 $\mu \geqslant \mu_0$，备择假设 H_1 为 $\mu < \mu_0$. 若 H_1 成立，则认为新法效果好.

【解】（1）假设 $H_0: \mu \geqslant \mu_0 = 19$，$H_1: \mu < \mu_0$；

（2）在 H_0 成立下，选取 $T = \dfrac{\bar{X} - \mu}{S/\sqrt{n}} \sim t(n-1)$；

（3）对给定的检验水平 $\alpha = 0.05$，$n = 10$，查 t 分布表，得 $t_{0.05}(9) = 1.8331$；

（4）根据样本值，得 $\bar{x} = 17.1$，$s^2 = \dfrac{1}{9}\sum\limits_{i=1}^{10}(x_i - \bar{x})^2 = 8.544$，$s = 2.923$，则有

$$t = \frac{17.1 - 19}{2.923/\sqrt{10}} = -2.06 < -t_{0.05}(9) = -1.8331,$$

故拒绝 H_0，而接受 H_1，因此可以认为新方法比老方法效果好.

【例 8.8】 某车间生产铜丝，其中一个主要质量指标是折断力大小，用 X 表示该车间生产的铜丝的折断力，根据过去资料来看，可以认为 X 服从 $N(\mu,\sigma^2)$，$\mu_0 = 285\text{kg}$，$\sigma = 4\text{kg}$，现在换了一批原材料，从性能上看，估计折断力的方差不会有什么大变化，但折断力的大小与原先有无差别？（取 $\alpha = 0.05$）假定从现今产品中任取 10 根，测得折断力数据如下：

$$289,286,285,284,285,285,286,286,298,292（单位：kg）.$$

【分析】 本题是在假定方差无变化的情况下检验均值与已知数 μ_0 有无差别. 如果承认方差无变化的先决条件，就属于已知方差检验均值的问题，自然用 u 检验法. 有时为了慎重起见，可以利用观测数据，先检验一下方差是否可认为是原来的已知数 $\sigma = 4\text{kg}$. 如果接受，则可以再对均值用 u 检验法进行检验；如果不接受，则不能用 u 检验法，而应采用 t 检验法了.

【解】（1）检验方差是否有变化.

①假定 $H_0: \sigma^2 = \sigma_0^2 = 4^2$，$H_1: \sigma^2 \neq \sigma_0^2$；

②在 H_0 成立条件下，选取检验统计量

$$\chi^2 = \frac{(n-1)S^2}{\sigma_0^2} \sim \chi^2(n-1);$$

③由 $\alpha = 0.05$，$n = 10$，查 χ^2 分布表可得 $\chi_{0.025}^2(9) = 19.0$，$\chi_{0.975}^2(9) = 2.70$；

④由样本值计算得

$$\chi_{0.975}^2(9) = 2.70 < \frac{(n-1)s^2}{\sigma_0^2} = \frac{170.4}{16} = 10.65 < \chi_{0.025}^2(9) = 19.0,$$

故接受 H_0,即可以认为方差无变化.

（2）在方差 $\sigma^2=4^2$ 已知的条件下检验均值.

①假设 $H_0:\mu=\mu_0=285,H_1:\mu\neq\mu_0$；

②在 H_0 成立条件下,选取统计量 $U=\dfrac{\overline{X}-\mu_0}{\sigma/\sqrt{n}}\sim N(0,1)$；

③由 $\alpha=0.05$,查标准正态分布表可得 $u_{0.025}=1.96$；

④由样本值计算得

$$|u|=\left|\frac{\overline{x}-\mu_0}{\sigma/\sqrt{n}}\right|=\left|\frac{287.6-285}{4/\sqrt{10}}\right|=2.05>u_{0.025}=1.96,$$

故拒绝 H_0,即可以认为铜丝折断力大小与原先有显著性差异.

【例 8.9】为研究正常成年人男女血液中红细胞的平均数之差,检查某地正常成年男子 156 名,正常成年女子 74 名,计算得男性红细胞的平均数为 465.13 万/mm^3,样本标准差为 54.80 万/mm^3；女性红细胞的平均数为 422.16 万/mm^3,样本标准差为 49.20 万/mm^3. 由经验知道正常成年人男女血液中红细胞数均服从正态分布,且方差相同. 试检验该地正常成年人红细胞的平均数是否与性别有关.（$\alpha=0.01$）

【分析】此题是检验该地正常成年人红细胞的平均数是否与性别有关,即成年男女红细胞的平均数是否有差异,因此属于对两个正态总体均值差的检验.

【解】设 X 表示正常成年男性红细胞数,Y 表示正常成年女性红细胞数.

（1）假设 $H_0:\mu_1=\mu_2,H_0:\mu_1\neq\mu_2$；

（2）选取统计量 $T=\dfrac{(\overline{X}-\overline{Y})-0}{S_w\sqrt{\dfrac{1}{n_1}+\dfrac{1}{n_2}}}\sim t(n_1+n_2-2)$,其中 $S_w^2=\dfrac{(n_1-1)S_1^2+(n_2-1)S_2^2}{n_1+n_2-2}$；

（3）根据显著性水平 $\alpha=0.01$,查 t 分布表,得临界值 $t_{\alpha/2}(n_1+n_2-2)=t_{0.005}(228)=2.60$；

（4）由题可知,

$$n_1=156,\overline{x}=465.13,s_1=54.8,n_2=74,\overline{y}=422.16,s_2=49.2,s_w\sqrt{\frac{1}{n_1}+\frac{1}{n_2}}=7.49,$$

则有

$$|t|=\frac{|\overline{x}-\overline{y}|}{s_w\sqrt{\dfrac{1}{n_1}+\dfrac{1}{n_2}}}=\frac{42.97}{7.49}=5.74>2.60=t_{0.005}(228),$$

因此,拒绝 H_0,即认为正常成年男、女红细胞平均数有显著性差异.

【例 8.10】某项实验欲比较两种不同塑料材料的耐磨程度,并对各块的磨损深度进行观察,取材料 1,样本大小 $n_1=12$,平均磨损深度 $\overline{x}_1=85$ 个单位,标准差 $s_1=4$；取材料 2,样本大小 $n_2=10$,平均磨损深度 $\overline{x}_2=81$ 个单位,标准差 $s_2=5$. 在 $\alpha=0.05$ 下,是否能推论出材料 1 比材料 2 的磨损值超过 2 个单位？假定二总体是方差相同的正态总体.

【分析】设材料 1 磨损深度总体 $X_1\sim N(\mu_1,\sigma_1^2)$,材料 2 磨损深度总体 $X_2\sim N(\mu_2,\sigma_2^2)$,此题是两个方差均未知,但是它们相等,即 $\sigma_1^2=\sigma_2^2=\sigma^2$ 的情况. 应用 t 检验法.

【解】（1）假设 $H_0:\mu_1-\mu_2\leqslant 2,H_1:\mu_1-\mu_2>2$；

（2）在 H_0 成立条件下,选检验统计量为

$$T = \frac{\overline{X}_1 - \overline{X}_2 - (\mu_1 - \mu_2)}{S_w \sqrt{\frac{1}{n_1} + \frac{1}{n_2}}} = \frac{\overline{X}_1 - \overline{X}_2 - 2}{S_w \sqrt{\frac{1}{n_1} + \frac{1}{n_2}}} \sim t(n_1 + n_2 - 2),$$

其中
$$S_w^2 = \frac{(n_1 - 1)S_1^2 + (n_2 - 1)S_2^2}{n_1 + n_2 - 2};$$

（3）由 $\alpha = 0.05$，查 t 分布表得 $t_{0.05}(20) = 1.725$；

（4）根据样本值计算得

$$s_w = \sqrt{\frac{(12-1) \times 4^2 + (10-1) \times 5^2}{12 + 10 - 2}} = 4.478.$$

所以,有

$$t = \frac{\overline{x}_1 - \overline{x}_2 - 2}{s_w \sqrt{\frac{1}{n_1} + \frac{1}{n_2}}} = \frac{(85 - 81) - 2}{4.478 \sqrt{\frac{1}{12} + \frac{1}{10}}} = 1.04 < t_{0.05}(20) = 1.725,$$

故接受 H_0，即认为材料 1 比材料 2 的磨损深度并未超过 2 个单位.

【例 8.11】 两台机床加工同一种零件,分别取 6 个和 9 个零件测量其长度,计算得 $s_1^2 = 0.345$，$s_2^2 = 0.357$. 假设零件长度服从正态分布,问:是否认为两台机床加工的零件长度的方差无显著差异($\alpha = 0.05$)?

【分析】 问题为在 μ_1, μ_2 未知的条件下,检验 $\sigma_1^2 = \sigma_2^2$.

【解】（1）检验假设 $H_0: \sigma_1^2 = \sigma_2^2, H_1: \sigma_1^2 \neq \sigma_2^2$；

（2）选择统计量

$$F = \frac{S_1^2}{S_2^2} \sim F(n_1 - 1, n_2 - 1);$$

（3）因为 $\alpha = 0.05$，查 F 分布表得
$$F_{0.975}(5, 8) = 1/F_{0.025}(8, 5) = 0.1479, F_{0.025}(5, 8) = 4.82;$$

（4）由于 $s_1^2 = 0.345, s_2^2 = 0.357$，计算得

$$F_{0.975}(5, 8) < \frac{s_1^2}{s_2^2} = \frac{0.345}{0.357} = 0.9664 < F_{0.005}(5, 8),$$

故接受 H_0，即认为两台机床加工的零件长度的方差无显著差异.

【例 8.12】 机床厂某日从两台机器所加工的同一种零件中,分别抽取若干个测量其尺寸,得到以下数据.

甲机器的:6.2,5.7,6.5,6.0,6.3,5.8,5.7,6.0,6.0,5.8,6.0；

乙机器的:5.6,5.9,5.6,5.7,5.8,6.0,5.5,5.7,5.5.

问这两台机器的加工精度是否有显著差异($\alpha = 0.05$)?

【分析】 机器的加工精度就体现在总体方差的大小. 因此,比较两台机器的加工精度是否有显著差异的问题,可以视为比较两个总体的方差是否相等的问题.

【解】 设甲机器加工的零件尺寸为 X，乙机器加工的零件尺寸为 Y，并设 $X \sim N(\mu_1, \sigma_1^2)$，$Y \sim N(\mu_2, \sigma_2^2)$.

（1）假设 $H_0: \sigma_1^2 = \sigma_2^2, H_1: \sigma_1^2 \neq \sigma_2^2$；

（2）在 H_0 成立条件下,选取检验统计量

$$F = \frac{S_1^2}{S_2^2} = \frac{\dfrac{1}{n_1-1}\sum_{i=1}^{n_1}(X_i-\overline{X})^2}{\dfrac{1}{n_2-1}\sum_{i=1}^{n_2}(Y_i-\overline{Y})^2} \sim F(n_1-1,n_2-1);$$

（3）由 $\alpha=0.05$，查 F 分布表，得

$$F_{\alpha/2}(n_1-1,n_2-1)=F_{0.025}(10,8)=4.30,$$

$$F_{1-\alpha/2}(n_1-1,n_2-1)=\frac{1}{F_{\alpha/2}(n_2-1,n_1-1)}=\frac{1}{F_{0.025}(8,10)}=\frac{1}{3.85};$$

（4）本题中，$n_1=11,n_2=9$，算得 $s_1^2=0.064,s_2^2=0.030$，则有

$$\frac{1}{3.85}<\frac{s_1^2}{s_2^2}=\frac{0.064}{0.030}=2.13<4.30,$$

故接受 H_0，即可以认为两台机器加工零件的尺寸的精度没有显著性差别.

附录

常用统计数表

附表 1 标准正态分布表

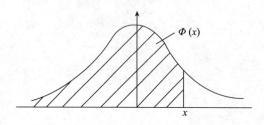

$$\Phi(x) = \frac{1}{\sqrt{2\pi}} \int_{-\infty}^{x} e^{-\frac{t^2}{2}} dt \quad (x \geqslant 0)$$

x	0	1	2	3	4	5	6	7	8	9
0.0	0.500 0	0.504 0	0.508 0	0.512 0	0.516 0	0.519 9	0.523 9	0.527 9	0.531 9	0.535 9
0.1	0.539 8	0.543 8	0.547 8	0.551 7	0.555 7	0.559 6	0.563 6	0.567 5	0.571 4	0.575 3
0.2	0.579 3	0.583 2	0.587 1	0.591 0	0.594 8	0.598 7	0.602 6	0.606 4	0.610 3	0.614 1
0.3	0.617 9	0.621 7	0.625 5	0.629 3	0.633 1	0.636 8	0.640 6	0.644 3	0.648 0	0.651 7
0.4	0.655 4	0.659 1	0.662 8	0.666 4	0.670 0	0.673 6	0.677 2	0.680 8	0.684 4	0.687 9
0.5	0.691 5	0.695 0	0.698 5	0.701 9	0.705 4	0.708 8	0.712 3	0.715 7	0.719 0	0.722 4
0.6	0.725 7	0.729 1	0.732 4	0.735 7	0.738 9	0.742 2	0.745 4	0.748 6	0.751 7	0.754 9
0.7	0.758 0	0.761 1	0.764 2	0.767 3	0.770 3	0.773 4	0.776 4	0.779 4	0.782 3	0.785 2
0.8	0.788 1	0.791 0	0.793 9	0.796 7	0.799 5	0.802 3	0.805 1	0.807 8	0.810 6	0.813 3
0.9	0.815 9	0.816 1	0.821 2	0.823 8	0.826 4	0.828 9	0.831 5	0.834 0	0.836 5	0.838 9
1.0	0.841 3	0.843 8	0.846 1	0.848 5	0.850 8	0.853 1	0.855 4	0.857 7	0.859 9	0.862 1
1.1	0.864 3	0.866 5	0.868 6	0.870 8	0.872 9	0.874 9	0.877 0	0.879 0	0.881 0	0.883 0
1.2	0.884 9	0.886 9	0.888 8	0.890 7	0.892 5	0.894 4	0.896 2	0.898 0	0.899 7	0.901 5
1.3	0.903 2	0.904 9	0.906 6	0.908 2	0.909 9	0.911 5	0.913 1	0.914 7	0.916 2	0.917 7

续表

x	0	.1	2	3	4	5	6	7	8	9
1.4	0.919 2	0.920 7	0.922 2	0.923 6	0.925 1	0.926 5	0.927 8	0.929 2	0.930 6	0.931 9
1.5	0.933 2	0.934 5	0.935 7	0.937 0	0.938 2	0.939 4	0.940 6	0.941 8	0.943 0	0.944 1
1.6	0.945 2	0.946 3	0.947 4	0.948 4	0.949 5	0.950 5	0.951 5	0.952 5	0.953 5	0.954 5
1.7	0.955 4	0.956 4	0.957 4	0.958 2	0.959 1	0.959 9	0.960 8	0.961 6	0.962 5	0.963 3
1.8	0.964 1	0.964 8	0.965 6	0.966 4	0.967 1	0.967 8	0.968 6	0.969 3	0.970 0	0.970 6
1.9	0.971 3	0.971 9	0.972 6	0.973 2	0.973 8	0.974 4	0.975 0	0.975 6	0.976 2	0.976 7
2.0	0.977 2	0.977 8	0.978 3	0.978 8	0.979 3	0.979 8	0.980 3	0.980 8	0.981 2	0.981 7
2.1	0.982 1	0.982 6	0.983 0	0.983 4	0.983 8	0.984 2	0.984 6	0.985 0	0.985 4	0.985 7
2.2	0.986 1	0.986 4	0.986 8	0.987 1	0.987 4	0.987 8	0.988 1	0.988 4	0.988 7	0.989 0
2.3	0.989 3	0.989 6	0.989 8	0.990 1	0.990 4	0.990 6	0.990 9	0.991 1	0.991 3	0.991 6
2.4	0.991 8	0.992 0	0.992 2	0.992 5	0.992 7	0.992 9	0.993 1	0.993 2	0.993 4	0.993 6
2.5	0.993 8	0.994 0	0.994 1	0.994 3	0.994 5	0.994 6	0.994 8	0.994 9	0.995 1	0.995 2
2.6	0.995 3	0.995 5	0.995 6	0.995 7	0.995 9	0.996 0	0.996 1	0.996 2	0.996 3	0.996 4
2.7	0.996 5	0.996 6	0.996 7	0.996 8	0.996 9	0.997 0	0.997 1	0.997 2	0.997 3	0.997 4
2.8	0.997 4	0.997 5	0.997 6	0.997 7	0.997 7	0.997 8	0.997 9	0.997 9	0.998 0	0.998 1
2.9	0.998 1	0.998 2	0.998 2	0.998 3	0.998 4	0.998 4	0.998 5	0.998 5	0.998 6	0.998 6
3.0	0.998 7	0.998 7	0.998 7	0.998 8	0.998 8	0.998 9	0.998 9	0.998 9	0.999 0	0.999 0

x	1.282	1.645	1.960	2.326	2.576	3.000	3.291
$\Phi(x)$	0.90	0.95	0.975	0.99	0.995	0.998 7	0.999 5

附表 2 χ² 分布表

$$P\{\chi^2(n)>\chi_\alpha^2(n)\}=\alpha$$

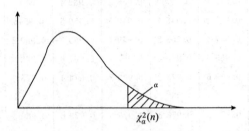

n	$\alpha=0.995$	$\alpha=0.99$	$\alpha=0.975$	$\alpha=0.95$	$\alpha=0.90$	$\alpha=0.75$
1	—	—	0.001	0.004	0.016	0.102
2	0.010	0.020	0.051	0.103	0.211	0.575
3	0.072	0.115	0.216	0.352	0.584	1.213
4	0.207	0.297	0.484	0.711	1.064	1.923
5	0.412	0.554	0.831	1.145	1.610	2.675
6	0.676	0.872	1.237	1.635	2.204	3.455
7	0.989	1.239	1.690	2.167	2.833	4.255
8	1.344	1.646	2.180	2.733	3.490	5.071
9	1.735	2.088	2.700	3.325	4.168	5.899
10	2.156	2.558	3.247	3.940	4.865	6.737
11	2.603	3.053	3.816	4.575	5.578	7.584
12	3.074	3.571	4.404	5.226	6.304	8.438
13	3.565	4.107	5.009	5.892	7.042	9.299
14	4.075	4.660	5.629	6.571	7.790	10.165
15	4.601	5.229	6.262	7.261	8.547	11.037
16	5.142	5.812	6.908	7.962	9.312	11.912
17	5.697	6.408	7.564	9.672	10.085	12.792
18	6.265	7.015	8.231	9.390	10.865	13.675
19	6.844	7.633	8.907	10.117	11.651	14.562
20	7.434	8.026	9.591	10.851	12.443	15.452
21	8.034	8.897	10.283	11.591	13.240	16.344
22	8.643	9.542	10.982	12.338	14.042	17.240
23	9.260	10.196	11.689	13.091	14.848	18.137
24	9.886	10.856	12.401	13.848	15.659	19.037
25	10.520	11.524	13.120	14.611	16.473	19.939

续表

n	α=0.995	α=0.99	α=0.975	α=0.95	α=0.90	α=0.75
26	11.160	12.198	13.844	15.379	17.292	20.843
27	11.808	12.879	14.573	16.151	18.114	21.749
28	12.461	13.565	15.308	16.928	18.939	22.657
29	13.121	14.257	16.047	17.708	19.768	23.567
30	13.787	14.954	16.791	18.493	20.599	24.478
31	14.458	15.655	17.539	19.281	21.434	25.390
32	15.134	16.362	18.291	20.072	22.271	26.304
33	15.815	17.074	19.047	20.867	23.110	27.219
34	16.501	17.789	19.806	21.664	23.952	28.136
35	17.192	18.509	20.569	22.465	24.797	29.054
36	17.887	19.233	21.336	23.269	25.643	29.973
37	18.586	19.960	22.106	24.075	26.492	30.893
38	19.289	20.691	22.878	24.884	27.343	31.815
39	19.996	21.426	23.654	25.695	28.196	32.737
40	20.707	22.164	24.433	26.509	29.051	33.660
41	21.421	22.906	25.215	27.326	29.907	34.585
42	22.138	23.650	25.999	28.144	30.765	35.510
43	22.859	24.398	26.785	28.965	31.625	36.436
44	23.584	25.148	27.575	29.787	32.487	37.363
45	24.311	25.901	28.366	30.612	33.350	38.291
n	α=0.25	α=0.10	α=0.05	α=0.025	α=0.01	α=0.005
1	1.323	2.706	3.841	5.024	6.635	7.879
2	2.773	4.605	5.991	7.378	9.210	10.597
3	4.108	6.251	7.815	9.348	11.345	12.838
4	5.385	7.779	9.488	11.143	13.277	14.860
5	6.626	9.236	11.071	12.833	15.086	16.750
6	7.841	10.645	12.592	14.449	16.812	18.548
7	9.037	12.017	14.067	16.013	18.475	20.278
8	10.219	13.362	15.507	17.535	20.090	21.955
9	11.389	14.684	16.919	19.023	21.666	23.589
10	12.549	15.987	18.307	20.483	23.209	25.188
11	13.701	17.275	19.675	21.920	24.725	26.757
12	14.845	18.549	21.026	23.337	26.217	28.299
13	15.984	19.812	22.362	24.736	27.688	29.819
14	17.117	21.064	23.685	26.119	29.141	31.319

n	$\alpha=0.25$	$\alpha=0.10$	$\alpha=0.05$	$\alpha=0.025$	$\alpha=0.01$	$\alpha=0.005$
15	18.245	22.307	24.996	27.488	30.578	32.801
16	19.369	23.542	26.296	28.845	32.000	34.267
17	20.489	24.769	27.587	30.191	33.409	35.718
18	21.605	25.989	28.869	31.526	34.805	37.156
19	22.718	27.204	30.144	32.852	36.191	38.582
20	23.828	28.412	31.410	34.170	37.566	39.997
21	24.935	29.615	32.671	35.479	38.932	41.401
22	26.039	30.813	33.924	36.781	40.289	42.796
23	27.141	32.007	35.172	38.076	41.638	44.181
24	28.241	33.196	36.415	39.364	42.980	45.559
25	29.339	34.382	37.652	40.646	44.314	46.928
26	30.435	35.563	38.885	41.923	45.642	48.290
27	31.528	36.741	40.113	43.194	46.963	49.645
28	32.620	37.916	41.337	44.461	48.278	50.993
29	33.711	39.087	42.557	45.722	49.588	52.336
30	34.800	40.256	43.773	46.979	50.892	53.672
31	35.887	41.422	44.985	48.232	52.191	55.003
32	36.973	42.585	46.194	49.480	53.486	56.328
33	38.056	43.745	47.400	50.725	54.776	57.648
34	39.141	44.903	48.602	51.966	56.061	58.964
35	40.223	46.059	49.802	53.203	57.342	60.275
36	41.304	47.212	50.998	54.437	58.619	61.581
37	42.383	48.363	52.192	55.668	59.892	62.883
38	43.462	49.513	53.384	56.896	61.162	64.181
39	44.539	50.660	54.572	58.120	62.428	65.476
40	45.616	51.805	55.758	59.342	63.691	66.766
41	46.692	52.949	56.942	60.561	64.950	68.053
42	47.766	54.090	58.124	61.777	66.206	69.336
43	48.840	55.230	59.304	62.990	67.459	70.616
44	49.913	56.369	60.481	64.201	68.710	71.893
45	50.985	57.505	61.656	65.410	69.957	73.166

附表 3 t 分布表

$$P\{T(n)>t_\alpha(n)\}=\alpha$$

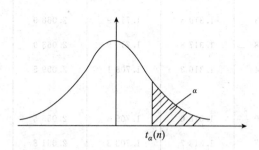

n	$\alpha=0.25$	$\alpha=0.10$	$\alpha=0.05$	$\alpha=0.025$	$\alpha=0.01$	$\alpha=0.005$
1	1.000 0	3.077 7	6.313 8	12.706 2	31.820 7	63.657 4
2	0.816 5	1.885 6	2.920 0	4.302 4	6.964 6	9.924 8
3	0.764 9	1.637 7	2.353 4	3.182 4	4.540 7	5.840 9
4	0.740 7	1.533 2	2.131 8	2.776 4	3.746 9	4.604 1
5	0.726 7	1.475 9	2.015 0	2.570 6	3.364 9	4.032 2
6	0.717 6	1.439 8	1.943 2	2.446 9	3.142 7	3.707 4
7	0.711 1	1.414 9	1.894 2	2.364 6	2.998 0	3.499 5
8	0.706 4	1.396 8	1.859 5	2.306 0	2.896 5	3.355 4
9	0.702 7	1.383 0	1.833 1	2.262 2	2.821 4	3.249 8
10	0.699 8	1.372 2	1.812 5	2.228 1	2.763 8	3.169 3
11	0.697 4	1.363 4	1.795 9	2.201 0	2.718 1	3.105 8
12	0.695 5	1.356 2	1.782 3	2.178 8	2.681 0	3.054 5
13	0.693 8	1.350 2	1.770 9	2.160 4	2.650 3	3.012 3
14	0.692 4	1.345 0	1.761 3	2.144 8	2.624 5	2.976 8
15	0.691 2	1.340 6	1.753 1	2.131 5	2.602 5	2.946 7
16	0.690 1	1.336 8	1.745 9	2.119 9	2.583 5	2.920 8
17	0.689 2	1.333 4	1.739 6	2.109 8	2.566 9	2.898 2
18	0.688 4	1.330 4	1.734 1	2.100 9	2.552 4	2.878 4
19	0.687 6	1.327 7	1.729 1	2.093 0	2.539 5	2.860 9
20	0.687 0	1.325 3	1.724 7	2.086 0	2.528 0	2.845 3

续表

n	$\alpha=0.25$	$\alpha=0.10$	$\alpha=0.05$	$\alpha=0.025$	$\alpha=0.01$	$\alpha=0.005$
21	0.686 4	1.323 2	1.720 7	2.079 6	2.517 7	2.831 4
22	0.685 8	1.321 2	1.717 1	2.073 9	2.508 3	2.818 8
23	0.685 3	1.319 5	1.713 9	2.068 9	2.499 9	2.807 3
24	0.684 8	1.317 8	1.710 9	2.063 9	2.492 2	2.796 9
25	0.684 4	1.316 3	1.708 1	2.059 5	2.485 1	2.787 4
26	0.684 0	1.315 0	1.705 6	2.055 5	2.478 6	2.778 7
27	0.683 7	1.313 7	1.703 3	2.051 8	2.472 7	2.770 7
28	0.683 4	1.312 5	1.701 1	2.048 4	2.467 1	2.763 3
29	0.683 0	1.311 4	1.699 1	2.045 2	2.462 0	2.756 4
30	0.682 8	1.310 4	1.697 3	2.042 3	2.457 3	2.750 0
31	0.682 5	1.309 5	1.695 5	2.039 5	2.452 8	2.744 0
32	0.682 2	1.308 6	1.693 9	2.036 9	2.448 7	2.738 5
33	0.682 0	1.307 7	1.692 4	2.034 5	2.444 8	2.733 3
34	0.681 8	1.307 0	1.690 9	2.032 2	2.441 1	2.728 4
35	0.681 6	1.306 2	1.689 6	2.030 1	2.437 7	2.723 8
36	0.681 4	1.305 5	1.688 3	2.028 1	2.434 5	2.719 5
37	0.681 2	1.304 9	1.687 1	2.026 2	2.431 4	2.715 4
38	0.681 0	1.304 2	1.686 0	2.024 4	2.428 6	2.711 6
39	0.680 8	1.303 6	1.684 9	2.022 7	2.425 8	2.707 9
40	0.680 7	1.303 1	1.683 9	2.021 1	2.423 3	2.704 5
41	0.680 5	1.302 5	1.682 9	2.019 5	2.420 8	2.701 2
42	0.680 4	1.302 0	1.682 0	2.018 1	2.418 5	2.698 1
43	0.680 2	1.301 6	1.681 1	2.016 7	2.416 3	2.695 1
44	0.680 1	1.301 1	1.680 2	2.015 4	2.414 1	2.692 3
45	0.680 0	1.300 6	1.679 4	2.014 1	2.412 1	2.689 6

附表4 F 分布表

$$P\{F(n_1,n_2)>F_\alpha(n_1,n_2)\}=\alpha$$

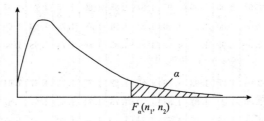

$\alpha=0.10$

n_1 / n_2	1	2	3	4	5	6	7	8	9	10	12	15	20	24	30	40	60	120	∞
1	39.86	49.50	53.59	55.83	57.24	58.20	58.91	59.44	59.86	60.19	60.71	61.22	61.74	62.00	62.26	62.63	62.79	63.06	63.33
2	8.53	9.00	9.16	9.24	9.29	9.33	9.35	9.37	9.38	9.39	9.41	9.42	9.44	9.45	9.46	9.47	9.47	9.48	9.49
3	5.54	5.46	5.39	5.34	5.31	5.28	5.27	5.25	5.24	5.23	5.22	5.20	5.18	5.18	5.17	5.16	5.15	5.14	5.13
4	4.54	4.32	4.19	4.11	4.05	4.01	3.98	3.95	3.94	3.92	3.90	3.87	3.84	3.83	3.82	3.80	3.79	3.78	4.76
5	4.06	3.78	3.62	3.52	3.45	3.40	3.37	3.34	3.32	3.30	3.27	3.24	3.21	3.19	3.17	3.16	3.14	3.12	3.10
6	3.78	3.46	3.29	3.18	3.11	3.05	3.01	2.98	2.96	2.94	2.90	2.87	2.84	2.82	2.80	2.78	2.76	2.74	2.72
7	3.59	3.26	3.07	2.96	2.88	2.83	2.78	2.75	2.72	2.70	2.67	2.63	2.59	2.58	2.56	2.54	2.51	2.49	2.47
8	3.46	3.11	2.92	2.81	2.73	2.67	2.62	2.59	2.56	2.54	2.50	2.46	2.42	2.40	2.38	2.36	2.34	2.32	2.29
9	3.36	3.01	2.81	2.69	2.61	2.55	2.51	2.47	2.44	2.42	2.38	2.34	2.30	2.28	2.25	2.23	2.21	2.18	2.16
10	3.29	2.92	2.73	2.61	2.52	2.46	2.41	2.38	2.35	2.32	2.28	2.24	2.20	2.18	2.16	2.13	2.11	2.08	2.06
11	3.23	2.86	2.66	2.54	2.45	2.39	2.34	2.30	2.27	2.25	2.21	2.17	2.12	2.10	2.08	2.05	2.03	2.00	1.97
12	3.18	2.81	2.61	2.48	2.39	2.33	2.28	2.24	2.21	2.19	2.15	2.10	2.06	2.04	2.01	1.99	1.96	1.93	1.90
13	3.14	2.76	2.56	2.43	2.35	2.28	2.23	2.20	2.16	2.14	2.10	2.05	2.01	1.98	1.96	1.93	1.90	1.88	1.85
14	3.10	2.73	2.52	2.39	2.31	2.24	2.19	2.15	2.12	2.10	2.05	2.01	1.96	1.94	1.91	1.89	1.86	1.83	1.80
15	3.07	2.70	2.49	2.36	2.27	2.21	2.16	2.12	2.09	2.06	2.02	1.97	1.92	1.90	1.87	1.85	1.82	1.79	1.76
16	3.05	2.67	2.46	2.33	2.24	2.18	2.13	2.09	2.06	2.03	1.99	1.94	1.89	1.87	1.84	1.81	1.78	1.75	1.72
17	3.03	2.64	2.44	2.31	2.22	2.15	2.10	2.06	2.03	2.00	1.96	1.91	1.86	1.84	1.81	1.78	1.75	1.72	1.69
18	3.01	2.62	2.42	2.29	2.20	2.13	2.08	2.04	2.00	1.98	1.93	1.89	1.84	1.81	1.78	1.75	1.72	1.69	1.66
19	2.99	2.61	2.40	2.27	2.18	2.11	2.06	2.02	1.98	1.96	1.91	1.86	1.81	1.79	1.76	1.73	1.70	1.67	1.63
20	2.97	2.59	2.38	2.25	2.16	2.09	2.04	2.00	1.96	1.94	1.89	1.84	1.79	1.77	1.74	1.71	1.68	1.64	1.61
21	2.96	2.57	2.36	2.23	2.14	2.08	2.02	1.98	1.95	1.92	1.87	1.83	1.78	1.75	1.72	1.69	1.66	4.62	1.59
22	2.95	2.56	2.35	2.22	2.13	2.06	2.01	1.97	1.93	1.90	1.86	1.81	1.76	1.73	1.70	1.67	1.64	1.60	1.57
23	2.94	2.55	2.34	2.21	2.11	2.05	1.99	1.95	1.92	1.89	1.84	1.80	1.74	1.72	1.69	1.66	1.62	1.59	1.55
24	2.93	2.54	2.33	2.19	2.10	2.04	1.98	1.94	1.91	1.88	1.83	1.78	1.73	1.70	1.67	1.64	1.61	1.57	1.53

n_2 \ n_1	1	2	3	4	5	6	7	8	9	10	12	15	20	24	30	40	60	120	∞
25	2.92	2.53	2.32	2.18	2.09	2.02	1.97	1.93	1.89	1.87	1.82	1.77	1.72	1.69	1.66	1.63	1.59	1.56	1.52
26	2.91	2.52	2.31	2.17	2.08	2.01	1.96	1.92	1.88	1.86	1.81	1.76	1.71	1.68	1.65	1.61	1.58	1.54	1.50
27	2.90	2.51	2.30	2.17	2.07	2.00	1.95	1.91	1.87	1.85	1.80	1.75	1.70	1.67	1.64	1.60	1.57	1.53	1.49
28	2.89	2.50	2.29	2.16	2.06	2.00	1.94	1.90	1.87	1.84	1.79	1.74	1.69	1.66	1.63	1.59	1.56	1.52	1.48
29	2.89	2.50	2.28	2.15	2.06	1.99	1.93	1.89	1.86	1.83	1.86	1.73	1.68	1.65	1.62	1.58	1.55	1.51	1.47
30	2.88	2.49	2.28	2.14	2.05	1.98	1.93	1.88	1.85	1.82	1.77	1.72	1.67	1.64	1.61	1.57	1.54	1.50	1.46
40	2.84	2.44	2.23	2.09	2.00	1.93	1.87	1.83	1.79	1.76	1.71	1.66	1.61	1.57	1.54	1.51	1.47	1.42	1.38
60	2.79	2.39	2.18	2.04	1.95	1.87	1.82	1.77	1.74	1.71	1.66	1.60	1.54	1.51	1.48	1.44	1.40	1.35	1.29
120	2.75	2.35	2.13	1.99	1.90	1.82	1.77	1.72	1.68	1.65	1.60	1.55	1.48	1.45	1.41	1.37	1.32	1.26	1.19
∞	2.71	2.30	2.08	1.94	1.85	1.77	1.72	1.67	1.63	1.60	1.55	1.49	1.42	1.38	1.34	1.30	1.24	1.17	1.00

$$\alpha = 0.05$$

n_2 \ n_1	1	2	3	4	5	6	7	8	9	10	12	15	20	24	30	40	60	120	∞
1	161.4	199.5	215.7	224.6	230.2	234.0	236.8	238.9	240.5	241.9	243.9	245.9	248.0	249.1	250.1	251.1	252.2	253.3	254.3
2	18.51	19.00	19.16	19.25	19.30	19.33	19.35	19.37	19.38	19.40	19.41	19.43	19.45	19.45	19.46	19.47	19.48	19.49	19.50
3	10.13	9.55	9.28	9.12	9.01	8.94	8.89	8.85	8.81	8.79	8.74	8.70	8.66	8.64	8.62	8.59	8.57	8.55	8.53
4	7.71	6.94	6.59	6.39	6.26	6.16	6.09	6.04	6.00	5.96	5.91	5.86	5.80	5.77	5.725	5.72	5.69	5.66	5.63
5	6.61	5.79	5.41	5.19	5.05	4.95	4.88	4.82	4.77	4.74	4.68	4.62	4.56	4.53	4.50	4.46	4.43	4.40	4.36
6	5.99	5.14	4.76	4.53	4.39	4.28	4.21	4.15	4.10	4.06	4.00	3.94	3.87	3.84	3.81	3.77	3.74	3.70	3.67
7	5.59	4.74	4.35	4.12	3.97	3.87	3.79	3.73	3.68	3.64	3.57	3.51	3.44	3.41	3.38	3.34	3.30	3.27	3.23
8	5.32	4.46	4.07	3.84	3.69	3.58	3.50	3.44	3.39	3.35	3.28	3.22	3.15	3.12	3.08	3.04	3.01	2.97	2.93
9	5.12	4.26	3.86	3.63	3.48	3.37	3.29	3.23	3.18	3.14	3.07	3.01	2.94	2.90	2.86	2.83	2.79	2.75	2.71
10	4.96	4.10	3.71	3.48	3.33	3.22	3.14	3.07	3.02	2.98	2.91	2.85	2.77	2.74	2.70	2.66	2.62	2.58	2.54
11	4.84	3.98	3.59	3.36	3.20	3.09	3.01	2.95	2.90	2.85	2.79	2.72	2.65	2.61	2.57	2.53	2.49	2.45	2.40
12	4.75	3.89	3.49	3.26	3.11	3.00	2.91	2.85	2.80	2.75	2.69	2.62	2.54	2.51	2.47	2.43	2.38	2.34	2.30
13	4.67	3.81	3.41	3.18	3.03	2.92	2.83	2.77	2.71	2.67	2.60	2.53	2.46	2.42	2.38	2.34	2.30	2.25	2.21
14	4.60	3.74	3.34	3.11	2.96	2.85	2.76	2.70	2.65	2.60	2.53	2.46	2.39	2.35	2.31	2.27	2.22	2.18	2.13
15	4.54	3.68	3.29	3.06	2.90	2.79	2.71	2.64	2.59	2.54	2.48	2.40	2.33	2.29	2.25	2.20	2.16	2.11	2.07
16	4.49	3.63	3.24	3.01	2.85	2.74	2.66	2.59	2.54	2.49	2.42	2.35	2.28	2.24	2.19	2.15	2.11	2.06	2.01
17	4.45	3.59	3.20	2.96	2.81	2.70	2.61	2.55	2.49	2.45	2.38	2.31	2.23	2.19	2.15	2.10	2.06	2.01	1.96
18	4.41	3.55	3.16	2.93	2.77	2.66	2.58	2.51	2.46	2.41	2.34	2.27	2.19	2.15	2.11	2.06	2.02	1.97	1.92
19	4.38	3.52	3.13	2.90	2.74	2.63	2.54	2.48	2.42	2.38	2.31	2.23	2.16	2.11	2.07	2.03	1.98	1.93	1.88
20	4.35	3.49	3.10	2.87	2.71	2.60	2.51	2.45	2.39	2.35	2.28	2.20	2.12	2.08	2.04	1.99	1.95	1.90	1.84
21	4.32	3.47	3.07	2.84	2.68	2.57	2.49	2.42	2.37	2.32	2.25	2.18	2.10	2.05	2.01	1.96	1.92	1.87	1.81
22	4.30	3.44	3.05	2.82	2.66	2.55	2.46	2.40	2.34	2.30	2.23	2.15	2.07	2.03	1.98	1.94	1.89	1.84	1.78
23	4.28	3.42	3.03	2.80	2.64	2.53	2.44	2.37	2.32	2.27	2.20	2.13	2.05	2.01	1.96	1.91	1.86	1.81	1.76
24	4.26	3.40	3.01	2.78	2.62	2.51	2.42	2.36	2.30	2.25	2.18	2.11	2.03	1.98	1.94	1.89	1.84	1.79	1.73

n_1 n_2	1	2	3	4	5	6	7	8	9	10	12	15	20	24	30	40	60	120	∞
25	4.24	3.39	2.99	2.76	2.60	2.49	2.40	2.34	2.28	2.24	2.16	2.09	2.01	1.96	1.92	1.87	1.82	1.77	1.71
26	4.23	3.37	2.98	2.74	2.59	2.47	2.39	2.32	2.27	2.22	2.15	2.07	1.99	1.95	1.90	1.85	1.80	1.75	1.69
27	4.21	3.35	2.96	2.73	2.57	2.46	2.37	2.31	2.25	2.20	2.13	2.06	1.97	1.93	1.88	1.84	1.79	1.73	1.67
28	4.20	3.34	2.95	2.71	2.56	2.45	2.36	2.29	2.24	2.19	2.12	2.04	1.96	1.91	1.87	1.82	1.77	1.71	1.65
29	4.18	3.33	2.93	2.70	2.55	2.43	2.35	2.28	2.22	2.18	2.10	2.03	1.94	1.90	1.85	1.81	1.75	1.70	1.64
30	4.17	3.32	2.92	2.69	2.53	2.42	2.33	2.27	2.21	2.16	2.09	2.01	1.93	1.89	1.84	1.79	1.74	1.68	1.62
40	4.08	3.23	2.84	2.61	2.45	2.34	2.25	2.18	2.12	2.08	2.00	1.92	1.84	1.79	1.74	1.69	1.64	1.58	1.51
60	4.00	3.15	2.76	2.53	2.37	2.25	2.17	2.10	2.04	1.99	1.92	1.84	1.75	1.70	1.65	1.59	1.53	1.47	1.39
120	3.92	3.07	2.68	2.45	2.29	2.17	2.09	2.02	1.96	1.91	1.83	1.75	1.66	1.61	1.55	1.50	1.43	1.45	1.25
∞	3.84	3.00	2.60	2.37	2.21	2.10	2.01	1.94	1.88	1.83	1.75	1.67	1.57	1.52	1.46	1.39	1.32	1.22	1.00

$$\alpha = 0.025$$

	1	2	3	4	5	6	7	8	9	10	12	15	20	24	30	40	60	120	∞
1	647.8	799.5	864.2	899.6	921.8	937.1	948.2	956.7	963.3	368.6	976.7	984.9	993.1	997.2	1001	1006	1010	1014	1018
2	38.51	39.00	39.17	39.25	39.30	39.33	39.36	39.37	39.39	39.39	39.41	39.43	39.45	39.46	39.46	39.47	39.48	39.49	39.50
3	17.44	16.04	15.44	15.10	14.88	14.73	14.62	14.54	14.47	14.42	14.34	14.25	14.17	14.12	14.08	14.04	13.99	13.95	13.90
4	12.22	10.65	9.98	9.60	9.36	9.20	9.07	8.98	8.90	8.84	8.75	8.66	8.56	8.51	8.46	8.41	8.36	8.31	8.26
5	10.01	8.43	7.76	7.39	7.15	6.98	6.85	6.76	6.68	6.62	6.52	6.43	6.33	6.28	6.23	6.18	6.12	6.07	6.02
6	8.81	7.26	6.60	6.23	5.99	5.82	5.70	5.60	5.52	5.46	5.37	5.27	5.17	5.12	5.07	5.01	4.96	4.90	4.85
7	8.07	6.54	5.89	5.52	5.29	5.12	4.99	4.90	4.82	4.76	4.67	4.57	4.47	4.42	4.36	4.31	4.25	4.20	4.14
8	7.57	6.06	5.42	5.05	4.82	4.65	4.53	4.43	4.36	4.30	4.20	4.10	4.00	3.95	3.89	3.84	3.78	3.73	3.67
9	7.21	5.71	5.08	4.72	4.48	4.23	4.20	4.10	4.03	3.96	3.87	3.77	3.67	3.61	3.56	3.51	3.45	3.39	3.33
10	6.94	5.46	4.83	4.47	4.24	4.07	3.95	3.85	3.78	3.72	3.62	3.52	3.42	3.37	3.31	3.26	3.20	3.14	3.08
11	6.72	5.26	4.63	4.28	4.04	3.88	3.76	3.66	3.59	3.53	6.43	3.33	3.23	3.17	3.12	3.06	3.00	2.94	2.88
12	6.55	5.10	4.47	4.12	3.89	3.73	3.61	3.51	3.44	3.37	3.28	3.18	3.07	3.02	2.96	2.91	2.85	2.79	2.72
13	6.41	4.97	4.35	4.00	3.77	3.60	3.48	3.39	3.31	3.25	3.15	3.05	2.95	2.89	2.84	2.78	2.72	2.66	2.60
14	6.30	4.86	4.24	3.89	3.66	3.50	3.38	3.29	3.21	3.15	3.05	2.95	2.84	2.79	2.73	2.67	2.61	2.55	2.49
15	6.20	4.77	4.15	3.80	3.58	3.41	3.29	3.20	3.12	3.06	2.96	2.86	2.76	2.70	2.64	2.59	2.52	2.46	2.40
16	6.12	4.69	4.08	3.73	3.50	3.34	3.22	3.12	3.05	2.99	2.89	2.79	2.68	2.63	2.57	2.51	2.45	2.38	2.32
17	6.04	4.62	4.01	3.66	3.44	3.28	3.16	3.06	2.98	2.92	2.82	2.72	2.62	2.56	2.50	2.44	2.38	2.32	2.25
18	5.98	4.56	3.95	3.61	3.38	3.22	3.10	3.01	2.93	2.87	2.77	2.67	2.56	2.50	2.44	2.38	2.32	2.26	2.19
19	5.92	4.51	3.90	3.56	3.33	3.17	3.05	2.96	2.88	2.82	2.72	2.62	2.51	2.45	2.39	2.33	2.27	2.20	2.13
20	5.87	4.46	3.86	3.51	3.29	3.13	3.01	2.91	2.84	2.77	2.68	2.57	2.46	2.41	2.35	2.29	2.22	2.16	2.09
21	5.83	4.42	3.82	3.48	3.25	3.09	2.97	2.87	2.80	2.73	2.64	2.53	2.42	2.37	2.31	2.25	2.18	2.11	2.04
22	5.79	4.38	3.78	3.44	3.22	3.05	2.93	2.84	2.76	2.70	2.60	2.50	2.39	2.33	2.27	2.21	2.14	2.08	2.00
23	5.75	4.35	3.75	3.41	3.18	3.02	2.90	2.81	2.73	2.67	2.57	2.47	2.36	2.30	2.24	2.18	2.11	2.04	1.97
24	5.72	4.32	3.72	3.38	3.15	2.99	2.87	2.78	2.70	2.64	2.54	2.44	2.33	2.27	2.21	2.15	2.08	2.01	1.94

n_1 / n_2	1	2	3	4	5	6	7	8	9	10	12	15	20	24	30	40	60	120	∞
25	5.69	4.29	3.69	3.35	3.13	2.97	2.85	2.75	2.68	2.61	2.51	2.41	2.30	2.24	2.18	2.12	2.05	1.98	1.91
26	5.66	4.27	3.67	3.33	3.10	2.94	2.82	2.73	2.65	2.59	2.49	2.39	2.28	2.22	2.16	2.09	2.03	1.95	1.88
27	5.63	4.24	3.65	3.31	3.08	2.92	2.80	2.71	2.63	2.57	2.47	2.36	2.25	2.19	2.13	2.07	2.00	1.93	1.85
28	5.61	4.22	3.63	3.29	3.06	2.90	2.78	2.69	2.61	2.55	2.45	2.34	2.23	2.17	2.11	2.05	1.98	1.91	1.83
29	5.59	4.20	3.61	3.27	3.04	2.88	2.76	2.67	2.59	2.53	2.43	2.32	2.21	2.15	2.09	2.03	1.96	1.89	1.81
30	5.57	4.18	3.59	3.25	3.03	2.87	2.75	2.65	2.57	2.51	2.41	2.31	2.20	2.14	2.07	2.01	1.94	1.87	1.79
40	5.42	4.05	3.46	3.13	2.90	2.74	2.62	2.53	2.45	2.39	2.29	2.18	2.07	2.01	1.94	1.88	1.80	1.72	1.64
60	5.29	3.93	3.34	3.01	2.79	2.63	2.51	2.41	2.33	2.27	2.17	2.06	1.94	1.88	1.82	1.74	1.67	1.58	1.48
120	5.15	3.80	3.23	2.89	2.67	2.52	2.39	2.30	2.22	2.16	2.05	1.94	1.82	1.76	1.69	1.61	1.53	1.43	1.31
∞	5.02	3.69	3.12	2.79	2.57	2.41	2.29	2.19	2.11	2.05	1.94	1.83	1.71	1.64	1.57	1.48	1.39	1.27	1.00

$\alpha=0.01$

n_1 / n_2	1	2	3	4	5	6	7	8	9	10	12	15	20	24	30	40	60	120	∞
1	4052	4999.5	5403	5625	5764	5859	5928	5982	6022	6056	6106	6157	6209	6235	6261	6287	6313	6339	6366
2	98.50	99.00	99.17	99.25	99.30	99.33	99.36	99.37	99.39	99.40	99.45	99.43	99.45	99.46	99.47	99.47	99.48	99.49	99.50
3	34.12	30.82	29.46	28.71	28.24	27.91	27.67	27.49	27.35	27.23	26.69	26.87	26.69	26.60	26.50	26.41	26.32	26.22	26.13
4	21.20	18.00	16.69	15.98	15.52	15.21	14.98	14.80	14.66	14.55	14.02	14.20	14.02	13.93	13.84	13.75	13.65	13.56	13.46
5	16.26	13.27	12.06	11.39	10.97	10.67	10.46	10.29	10.16	10.05	9.89	9.72	9.55	9.47	9.38	9.29	9.20	9.11	9.02
6	13.75	10.92	9.78	9.15	8.75	8.47	8.26	8.10	7.98	7.87	7.72	7.56	7.40	7.31	7.23	7.14	7.06	6.97	6.88
7	12.25	9.55	8.45	7.85	7.46	7.19	6.99	6.84	6.72	6.62	6.47	6.31	6.16	6.07	5.99	5.91	5.82	5.74	5.65
8	11.26	8.65	7.59	7.01	6.63	6.37	6.18	6.03	5.91	5.81	5.67	5.52	5.36	5.28	5.20	5.12	5.03	4.95	4.86
9	10.56	8.02	6.99	6.42	6.06	5.80	5.61	5.47	5.35	5.26	5.11	4.96	4.81	4.73	4.65	4.57	4.48	4.40	4.31
10	10.04	7.56	6.55	5.99	5.64	5.39	5.20	5.06	4.94	4.85	4.71	4.56	4.41	4.33	4.25	4.17	4.08	4.00	3.91
11	9.65	7.21	6.22	5.67	5.32	5.07	4.89	4.74	4.63	4.54	4.40	4.25	4.10	4.02	3.94	3.86	3.78	3.69	3.60
12	9.33	6.93	5.95	5.41	5.06	4.82	4.64	4.50	4.39	4.30	4.16	4.01	3.86	3.78	3.70	3.62	3.54	3.45	3.36
13	9.07	6.70	5.74	5.21	4.86	4.62	4.44	4.30	4.19	4.10	3.96	3.82	3.66	3.59	3.51	3.43	3.34	3.25	3.17
14	8.86	6.51	5.56	5.04	4.69	4.46	4.28	4.14	4.03	3.94	3.80	3.66	3.51	3.43	3.35	3.27	3.18	3.09	3.00
15	8.68	6.36	5.42	4.89	4.56	4.32	4.14	4.00	3.89	3.80	3.67	3.52	3.37	3.29	3.21	3.13	3.05	2.96	2.87
16	8.53	6.23	5.29	4.77	4.44	4.20	4.03	3.89	3.78	3.69	3.55	3.41	3.26	3.18	3.10	3.02	2.93	2.84	2.75
17	8.40	6.11	5.18	4.67	4.34	4.10	3.93	3.79	3.68	3.59	3.46	3.31	3.16	3.08	3.00	2.92	2.83	2.75	2.65
18	8.29	6.01	5.09	4.58	4.25	4.01	3.84	3.71	3.60	3.51	3.37	3.23	3.08	3.00	2.92	2.84	2.75	2.66	2.57
19	8.18	5.93	5.01	4.50	4.17	3.94	3.77	3.63	3.52	3.43	3.30	3.15	3.00	2.92	2.84	2.76	2.67	2.58	2.49
20	8.10	5.85	4.94	4.43	4.10	3.87	3.70	3.56	3.46	3.37	3.23	3.09	2.94	2.86	2.78	2.69	2.61	2.52	2.42
21	8.02	5.78	4.87	4.37	4.04	3.81	3.64	3.51	3.40	3.31	3.17	3.03	2.88	2.80	2.72	2.64	2.55	2.46	2.36
22	7.95	5.72	4.82	4.31	3.99	3.76	3.59	3.45	3.35	3.26	3.12	2.98	2.83	2.75	2.67	2.58	2.50	2.40	2.31
23	7.88	5.66	4.76	4.26	3.94	3.71	3.54	3.41	3.30	3.21	3.07	2.93	2.78	2.70	2.62	2.54	2.45	2.35	2.26
24	7.82	5.61	4.72	4.22	3.90	3.67	3.50	3.36	3.26	3.17	3.03	2.89	2.74	2.66	2.58	2.49	2.40	2.31	2.21

续表

n_1 / n_2	1	2	3	4	5	6	7	8	9	10	12	15	20	24	30	40	60	120	∞
25	7.77	5.57	4.68	4.18	3.85	3.63	3.46	3.32	3.22	3.13	2.99	2.85	2.70	2.62	2.54	2.45	2.36	2.27	2.17
26	7.72	5.53	4.64	4.14	3.82	3.59	3.42	3.29	3.18	3.09	2.96	2.81	2.66	2.58	2.50	2.42	2.33	2.23	2.13
27	7.68	5.49	4.60	4.11	3.78	3.56	3.39	3.26	3.15	3.06	2.93	2.78	2.63	2.55	2.47	2.38	2.29	2.20	2.10
28	7.64	5.45	4.57	4.07	3.75	3.53	3.36	3.23	3.12	3.03	2.90	2.75	2.60	2.52	2.44	2.35	2.26	2.17	2.06
29	7.60	5.42	4.54	4.04	3.73	3.50	3.33	3.20	3.09	3.00	2.87	2.73	2.57	2.49	2.41	2.33	2.23	2.14	2.03
30	7.56	5.39	4.51	4.02	3.70	3.47	3.30	3.17	3.07	2.98	2.84	2.70	2.55	2.47	2.39	2.30	2.21	2.11	2.01
40	7.31	5.18	4.31	3.83	3.51	3.29	3.12	2.99	2.89	2.80	2.66	2.52	2.37	2.29	2.20	2.11	2.02	1.92	1.80
60	7.08	4.98	4.13	3.65	3.34	3.12	2.95	2.82	2.72	2.63	2.50	2.35	2.20	2.12	2.03	1.94	1.84	1.73	1.60
120	6.85	4.79	3.95	3.48	3.17	2.96	2.79	2.66	2.56	2.47	2.34	2.19	2.03	1.95	1.86	1.76	1.66	1.53	1.38
∞	6.63	4.61	3.78	3.32	3.02	2.80	2.64	2.51	2.41	2.32	2.18	2.04	1.88	1.79	1.70	1.59	1.47	1.32	1.00

同 步 练 习

班级 ＿＿＿＿＿＿＿＿＿　　学号 ＿＿＿＿＿＿＿＿＿　　姓名 ＿＿＿＿＿＿＿＿＿

练习 1-1， 1-2

1.写出下列随机试验的样本空间及下列事件中的样本点.

（1）掷一颗骰子，记录出现的点数．$A=$"出现偶数点".

（2）将一颗骰子掷两次，记录出现的点数．$A=$"两次点数之和为 10"，$B=$"第一次的点数比第二次的点数大 2".

（3）一个口袋中有 5 只外形完全相同的球，编号分别为 $1,2,3,4,5$；从中同时取出 3 只球，观察其结果，$A=$"球的最小号码为 1".

（4）将 a,b 两个球，随机地放入到甲、乙、丙三个盒子中去，观察放球情况，$A=$"甲盒中至少有一球".

（5）记录在一段时间内，通过某桥的汽车流量，$A=$"通过汽车不足 5 台"，$B=$"通过的汽车不少于 3 台".

班级＿＿＿＿＿＿＿　　　学号＿＿＿＿＿＿＿　　　姓名＿＿＿＿＿＿＿

2. 设 A,B,C 是随机试验 E 的三个事件,试用 A,B,C 表示下列事件.

(1) 仅 A 发生;

(2) A,B,C 中至少有两个发生;

(3) A,B,C 中不多于两个发生;

(4) A,B,C 中恰有两个发生;

(5) A,B,C 中至多有一个发生.

3. 一个工人生产了三件产品,以 $A_i(i=1,2,3)$ 表示第 i 件产品是正品,试用 A_i 表示下列事件.

(1) 没有一件产品是次品;

(2) 至少有一件产品是次品;

(3) 恰有一件产品是次品;

(4) 至少有两件产品不是次品.

4.事件 $A-\overline{B}$ 又可表示为( ).

(A) $A-B$ (B) $A-A\overline{B}$ (C) $A\bigcap B$ (D)$A-\overline{A}B$

5.甲、乙、丙三人各射击一次,事件 A_1,A_2,A_3 分别表示甲、乙、丙射中.试说明下列事件所表示的结果:$\overline{A}_2$,A_2+A_3,$\overline{A_1A_2}$,$\overline{A_1+A_2}$,$A_1A_2\overline{A}_3$,$A_1A_2+A_2A_3+A_1A_3$.

6.设事件 A,B,C 满足 $ABC\neq\varnothing$,试把下列事件表示为一些互不相容的事件的和:$A+B+C,AB+C,B-AC$.

7. 若事件 A,B,C 满足 $A+C=B+C$，试问 $A=B$ 是否成立？举例说明．

8. 对于事件 A,B,C，试问 $A-(B-C)=(A-B)+C$ 是否成立？举例说明．

班级＿＿＿＿＿＿＿　　　学号＿＿＿＿＿＿＿　　　姓名＿＿＿＿＿＿＿

练习 1-3

1. 设 A,B 互不相容,$P(A)=0.4,P(A\cup B)=0.7$,则 $P(B)=$ ＿＿＿＿.

2. 某市有 50% 住户订日报,有 65% 住户订晚报,有 85% 的住户至少订这两种报纸中的一种,则同时订这两种的住户百分比是＿＿＿＿.

3. 设 $P(A)=P(B)=P(C)=1/4,P(AB)=P(BC)=0,P(AC)=1/8$,则 A,B,C 三件事至少有一个发生的概率为＿＿＿＿.

4. 对于任意事件 A,B,有 $P(A-B)=$ ＿＿＿＿.

5. 设事件 A 与 B 互不相容,且 $P(A)=p,P(B)=q$,求下列事件的概率:$P(AB)$,$P(A+B)$,$P(A\bar{B})$,$P(\bar{A}\bar{B})$.

6. 设 $P(A)=0.7,P(A-B)=0.3,P(B-A)=0.2$,求 $P(\overline{AB})$ 与 $P(\overline{A}\overline{B})$.

7. 设事件 A 与 B 互不相容,$P(A)=0.4,P(B)=0.3$,求 $P(\overline{AB})$ 与 $P(\overline{A}\cup B)$.

班级＿＿＿＿＿＿　　　　学号＿＿＿＿＿＿　　　　姓名＿＿＿＿＿＿

8.若 $P(AB)=P(\overline{A}\overline{B})$且 $P(A)=p$,求 $P(B)$.

9.设事件 A,B 及 $A \cup B$ 的概率分别为 p,q,r,求 $P(AB)$及 $P(A\cup \overline{B})$.

10.设 $P(A)+P(B)=0.7$,且 A,B 仅发生一个的概率为 0.5,求 A,B 都发生的概率.

练习 1-4

1. 在电话号码中任取一个电话号码,求后面四个数字全不相同的概率.

2. 一批晶体管共 40 只,其中 3 只是坏的,今从中任取 5 只,求:
(1) 5 只全是好的的概率;
(2) 5 只中有两只坏的的概率.

3. 袋中有编号为 1~10 的 10 个球,今从袋中任取 3 个球,求:
(1) 3 个球的最小号码为 5 的概率;
(2) 3 个球的最大号码为 5 的概率.

4. (1) 教室里有 r 个学生,求他们的生日都不相同的概率 $r < 365$;
(2) 房间里有四个人,求至少两个人的生日在同一个月的概率.

班级＿＿＿＿＿＿＿＿＿　　学号＿＿＿＿＿＿＿＿＿　　姓名＿＿＿＿＿＿＿＿＿

5.设一个人的生日在星期几是等可能的,求 6 个人的生日都集中在一个星期中的某两天,但不是都在同一天的概率.

6.将 C,C,E,E,I,N,S 7 个字母随机地排成一行,那么恰好排成英文单词 SCIENCE 的概率是多少?

7.从 0,1,2,…,9 共 10 个数字中,任意选出不同的 3 个数字,试求下列事件的概率:$A_1 =$ "3 个数字中不含 0 和 5",$A_2 =$ "3 个数字中不含 0 或 5",$A_3 =$ "3 个数字中含 0 但不含 5".

班级＿＿＿＿＿＿＿　　　　学号＿＿＿＿＿＿＿　　　　姓名＿＿＿＿＿＿＿

8. 将 n 双大小各不相同的鞋子随机地分成 n 堆, 每堆两只, 求事件 $A=$ "每堆各成一双" 的概率.

9. 一幢 10 层楼的楼房中的一架电梯, 在底层登上 7 位乘客. 电梯在每一层都停, 乘客从第二层起离开电梯, 假设每位乘客在哪一层离开电梯是等可能的, 求没有两位及两位以上乘客在同一层离开的概率.

10. 某城市共有 10000 辆自行车, 其牌照编号从 00001 到 10000. 问事件"偶然遇到一辆自行车, 其牌照号码中有数字 8"的概率为多大?

班级 _____   学号 _____   姓名 _____

11. 有五条线段,长度分别为 1、3、5、7、9. 从这五条线段中任取三条,求所取三条线段能构成一个三角形的概率.

12. 一个宿舍中住有 6 位同学,计算下列事件的概率.

(1) 6 人中至少有 1 人生日在 10 月份;

(2) 6 人中恰有 4 人生日在 10 月份;

(3) 6 人中恰有 4 人生日在同一月份.

13. 从一副扑克牌(52 张)任取 3 张(不重复),计算取出的 3 张牌中至少有 2 张花色相同的概率.

班级＿＿＿＿＿＿＿＿＿＿　　学号＿＿＿＿＿＿＿＿＿＿　　姓名＿＿＿＿＿＿＿＿＿＿

练习 1-5

1. 某公共汽车站每隔 5min 有一辆汽车到达,乘客到达汽车站的时刻是任意的,求一个乘客候车时间不超过 3min 的概率.

2. 两艘轮船都要停靠同一个泊位,它们可能在一昼夜的任意时刻到达. 设两船停靠泊位的时间分别为 1h 与 2h,求有一艘船停靠泊位时必须等待一段时间的概率.

3. 把长为 a 的棒任意折成三段,求它们可以构成三角形的概率.

4. 在线段 AB 上任取三点 x_1,x_2,x_3,求:
(1) x_2 位于 x_1 与 x_3 之间的概率;
(2) Ax_1,Ax_2,Ax_3 能构成一个三角形的概率.

5. 随机地取两个正数 x 和 y,这两个数中的每一个都不超过 1,试求 x 与 y 之和不超过 1,积不小于 0.09 的概率.

练习 1-6

1. 假设一批产品中一、二、三等品各占 60％、30％、10％，从中任取一件，结果不是三等品，求取到的是一等品的概率.

2. 某住宅楼共有三个孩子，已知其中至少有一个是女孩，求至少有一个是男孩的概率（假设一个小孩为男或为女是等可能的）.

3. 一次掷 10 颗骰子，已知至少出现一个一点，问至少出现两个一点的概率是多少？

4. 为了防止意外，在矿内同时装有两种报警系统 I 和 II. 两种报警系统单独使用时，系统 I 和 II 有效的概率分别为 0.92 和 0.93，在系统 I 失灵的条件下，系统 II 仍有效的概率为 0.85，求：

(1) 两种报警系统 I 和 II 都有效的概率；

(2) 在系统 II 失灵的条件下，系统 I 仍有效的概率.

班级＿＿＿＿＿＿＿＿＿　　学号＿＿＿＿＿＿＿＿＿　　姓名＿＿＿＿＿＿＿＿＿

5. n个人用摸彩的方式决定谁得一张电影票,他们依次摸彩,求:

(1)已知前 $k-1(k \leqslant n)$ 个人都没摸到,求第 k 个人摸到的概率;

(2)第 $k(k \leqslant n)$ 个人摸到的概率.

6. 某射击小组共有 20 名射手,其中一级射手 4 人,二级射手 8 人,三级射手 7 人,四级射手 1 人,一、二、三、四级射手能通过选拔进入决赛的概率分别是 0.9、0.7、0.5、0.2,求在一组内任选一名射手,该射手能通过选拔进入决赛的概率.

7. 有三个形状相同的箱子,在第一个箱中有两个正品,一个次品;在第二个箱中有三个正品,一个次品;在第三个箱中有两个正品,两个次品.现从任何一个箱子中,任取一件产品,求取到正品的概率.

8. 已知商场某产品由三个厂家提供,产品次品率分别为 0.02、0.01、0.03,销售份额分别占 0.15、0.80、0.05,现消费者因为产品问题提出索赔,但由于保存不善标志缺失,如果你是商场负责人,想将这笔索赔转嫁给厂家,如何分摊最合理?

9. 三个箱子,第一个箱子中有 3 个黑球 1 个白球,第二个箱子中有 2 个黑球 3 个白球,第三个箱子中有 3 个黑球 2 个白球,求:

(1) 随机地取一个箱子,再从这个箱子中取出一个球,这个球为白球的概率是多少?

(2) 已知取出的球是白球,此球属于第三个箱子的概率是多少?

10. 在肝癌诊断中,有一种甲胎蛋白法,用这种方法能够检查出 95% 的真实患者,但也有可能将 10% 的人误诊. 根据以往的记录,每 10000 人中有 4 人患有肝癌,试求:

(1) 某人经此检验法诊断患有肝癌的概率;

(2) 已知某人经此检验法检验患有肝癌,而他确实是肝癌患者的概率.

11. 设 A,B 为随机事件,且 $P(B)>0,P(A|B)=1$,则必有 (　　).

(A) $P(A\cup B)>P(A)$ 　　　　　　　　(B) $P(A\cup B)>P(B)$

(C) $P(A\cup B)=P(A)$ 　　　　　　　　(D) $P(A\cup B)=P(B)$

班级＿＿＿＿＿＿＿＿　　学号＿＿＿＿＿＿＿＿　　姓名＿＿＿＿＿＿＿＿

练习 1-7

1. 设事件 A 与 B 相互独立, 两个事件中只有 A 发生的概率与只有 B 发生的概率都是 $\frac{1}{4}$, 求 $P(A)$ 和 $P(B)$.

2. 证明: 若 $P(A) > 0, P(B) > 0$, 则有
(1) 当 A 与 B 独立时, A 与 B 相容;
(2) 当 A 与 B 不相容时, A 与 B 不独立.

3. 甲、乙、丙三机床独立工作, 在同一段时间内它们不需要工人照顾的概率分别为 0.7, 0.8 和 0.9, 求在这段时间内, 最多只有一台机床需要工人照顾的概率.

4. 10 张奖券中含有 4 张中奖的奖券, 每人购买 1 张, 求:
(1) 前三人中恰有一人中奖的概率;
(2) 第二人中奖的概率.

5. 设有两门高射炮, 每一门击中目标的概率都是 0.6, 求同时发射一发炮弹而击中飞机的概率是多少? 又若有一架敌机入侵领空, 欲以 99% 以上的概率击中它, 问至少需要多少门高射炮?

6. 一个人的血型为 O,A,B,AB 型的概率分别为 0.46、0.40、0.11、0.03,现在任意挑选五个人,求下列事件的概率.

(1) 两个人的血型为 O 型,其他三个人的血型分别为其他三种血型;

(2) 三个人的血型为 O 型,两个人的血型为 A 型;

(3) 没有一个人的血型为 AB 型.

7. 一大批产品的优质品率为 30%,每次任取 1 件,连续抽取 5 次,计算下列事件的概率.

(1) 取到的 5 件产品中恰有 2 件是优质品;

(2) 在取到的 5 件产品中已发现有 1 件是优质品,这 5 件中恰有 2 件是优质品.

8. 每箱产品有 10 件,其次品数从 0 到 2 是等可能的. 开箱检验时,从中任取 1 件,如果检验是次品,则认为该箱产品不合格而拒收. 假设由于检验有误,1 件正品被误检是次品的概率是 2%,1 件次品被误判是正品的概率是 5%,试计算:

(1) 抽取的 1 件产品为正品的概率;

(2) 该箱产品通过验收的概率.

9. 对飞机进行 3 次独立射击,第一次射击命中率为 0.4,第二次为 0.5,第三次为 0.7. 击中飞机一次而飞机被击落的概率为 0.2,击中飞机二次而飞机被击落的概率为 0.6,若被击中三次,则飞机必被击落. 求射击三次飞机未被击落的概率.

班级＿＿＿＿＿＿＿＿　　学号＿＿＿＿＿＿＿＿　　姓名＿＿＿＿＿＿＿＿

练习 2-1, 2-2

1.盒中有 10 个形状相同的灯泡,其中 7 个螺口灯泡,3 个卡口灯泡,灯口向下放着看不见. 需要取出一个螺口灯泡,若取出的为卡口灯泡,就放到另一个空盒中. 求取到螺口灯泡前已取出卡口灯泡的个数的分布列.

2.已知随机变量 X 只能取 $-1,0,1,2$ 四个值,相应概率依次为 $\frac{1}{2c},\frac{3}{4c},\frac{5}{8c},\frac{7}{16c}$,试确定常数 c,并计算 $P\{X<1|X\neq0\}$.

3.设随机变量 X 的取值为 $-1,0,1$,且取这三个值的概率之比为 $3:2:1$.
(1)求 X 的分布列;
(2) 求概率 $P\{-1<X\leqslant1\}$ 和 $P\{-1\leqslant X<1\}$.

4.根据随机变量的概率分布,试确定常数 a.
(1)$P\{X=k\}=(k+1)a^{k+1},k=0,1$;
(2)$P\{X=k\}=a\cdot 3^k,k=1,2,\cdots,20$;
(3)$P\{X=k\}=3a^k,k=1,2,\cdots$.

5.设随机变量 $X \sim B(2,p)$，$Y \sim B(3,p)$，若 $P\{X \geqslant 1\} = \dfrac{5}{9}$，求 $P\{Y \geqslant 1\}$.

6.某人进行射击,设每次射击的命中率为 0.02,独立射击 400 次,试求至少击中两次的概率.

7.某一城市每天发生火灾的次数 X 服从参数为 $\lambda = 0.8$ 的泊松分布,求该城市一天内发生 3 次或 3 次以上火灾的概率.

8.设 X 服从泊松分布,且已知 $P\{X=1\} = P\{X=2\}$,求 $P\{X=4\}$.

班级_____ 学号_____ 姓名_____

练习 2-3

1.已知 $X \sim f(x) = \begin{cases} kx(1-x), & 0<x<1, \\ 0, & \text{其他}, \end{cases}$ 其中常数 $k>0$,试确定常数 k 的值,并求概率 $P\{X=0.3\}, P\{X>0.3\}$.

2.已知 $X \sim f(x) = \begin{cases} \sin x, & 0 \leqslant x < a, \\ 0, & \text{其他}, \end{cases}$ 试确定常数 a,并求概率 $P\left\{X > \dfrac{\pi}{6}\right\}$.

3.随机变量 X 的密度函数为 $f(x) = ce^{-|x|}, -\infty < x < +\infty$.
(1) 求 c;
(2) 求 X 落入区间 $(-1,1)$ 的概率.

4.已知 $X \sim f(x) = \begin{cases} 12x^2 - 12x + 3, & 0<x<1, \\ 0, & \text{其他}, \end{cases}$ 计算 $P\{X \leqslant 0.2 \mid 0.1 < X \leqslant 0.5\}$.

5.设某型号的电子管其寿命 T（以小时计）为一随机变量，密度函数为 $f(t) =$
$\begin{cases} \dfrac{a}{t^2}, & t \geqslant 100, \\ 0, & t < 100. \end{cases}$（其中 a 为未知参数），某一无线电器材配有三个这种电子管，求该天线电器
材使用 150h 内不需要更换电子管的概率.

6.设随机变量 $X \sim U[1,6]$，求方程 $t^2 + Xt + 1 = 0$ 有实根的概率.

7.设一个汽车站上，某公共汽车每 5min 有一辆达到，设乘客在 5min 内任何一时间到达
是等可能的，计算在车站候车的 10 位乘客中只有 1 位等候时间超过 4min 的概率.

8.设某电子管的使用寿命 X（单位为小时）服从参数为 $\lambda = 0.0002$ 的指数分布，求电子
管的使用寿命超过 3000h 的概率.

班级＿＿＿＿＿＿＿＿   学号＿＿＿＿＿＿＿＿   姓名＿＿＿＿＿＿＿＿

练习 2-4

1. (2006 年考研题)设随机变量 X 服从正态分布 $N(\mu_1, \sigma_1^2)$, Y 服从正态分布 $N(\mu_2, \sigma_2^2)$, 且 $P\{|X-\mu_1|<1\}>P\{|Y-\mu_2|<1\}$, 则必有(   ).

(A) $\sigma_1<\sigma_2$ (B) $\sigma_1>\sigma_2$ (C) $\mu_1<\mu_2$ (D) $\mu_1>\mu_2$

2. 设随机变量 X 的密度函数为 $f(x)$, 且 $f(-x)=f(x)$, $F(x)$ 为 X 的分布函数, 则对任意实数 a, 有(   ).

(A) $F(-a)=1-\int_0^a f(x)\mathrm{d}x$ (B) $F(-a)=\dfrac{1}{2}-\int_0^a f(x)\mathrm{d}x$

(C) $F(-a)=F(a)$ (D) $F(-a)=2F(a)-1$

3. 设随机变量 X 服从正态分布 $N(\mu, \sigma^2)$, 则随 σ 的增大, 概率 $P\{|X-\mu|<\sigma\}$(   ).

(A) 单调增加   (B) 单调减少   (C) 保持不变   (D) 增减不定

4. 设随机变量 X 的分布列为

X	-1	1	2
P	0.5	a	$a+0.1$

(1) 求常数 a;

(2) 求概率 $P\{X>0.5\}$ 和 $P\{0<X\leqslant 5\}$;

(3) 求 X 的分布函数 $F(x)$, 并画出 $F(x)$ 的图形.

5.设离散型随机变量 X 的分布函数为 $F(x)=\begin{cases}0, & x<-1, \\ 0.4, & -1\leqslant x<1, \\ 0.8, & 1\leqslant x<3, \\ 1, & x\geqslant 3,\end{cases}$ 求 $P\{X<2\,|\,X\neq 1\}$.

6.已知随机变量 X 的密度函数为 $f(x)=\dfrac{1}{2}\mathrm{e}^{-|x|}$，$-\infty<x<+\infty$，求 X 的分布函数 $F(x)$.

7. 已知 $X \sim f(x) = \begin{cases} x, & 0 \leqslant x \leqslant 1, \\ 2-x, & 1 < x \leqslant 2, \\ 0, & \text{其他}. \end{cases}$ 求 X 的分布函数 $F(x)$.

8. 已知连续型随机变量 X 的分布函数为 $F(x) = \begin{cases} 0, & x < 0, \\ Ax^2, & 0 \leqslant x < 1, \\ 1, & x \geqslant 1. \end{cases}$ 求：

(1) 常数 A；

(2) X 落在 $\left(-1, \dfrac{1}{2}\right)$ 和 $\left(\dfrac{1}{3}, 2\right)$ 内的概率；

(3) X 的密度函数 $f(x)$.

9.已知随机变量 X 的分布函数为 $F(x)=A+B\operatorname{arctan}2x,-\infty<x<+\infty$.求:

(1) 常数 A,B;

(2) 概率 $P\left\{|X|\leqslant\dfrac{1}{2}\right\}$;

(3) X 的密度函数 $f(x)$.

10.某地抽样调查结果表明,考生的外语成绩(百分制)近似正态分布 $N(72,\sigma^2)$,平均成绩为 72 分,96 分以上的占考生总数的 2.3%,试求考生的外语成绩在 60 分至 84 分之间的概率.

班级＿＿＿＿＿＿＿＿　　学号＿＿＿＿＿＿＿＿　　姓名＿＿＿＿＿＿＿＿

练习 2-5

1.设随机变量 X 的分布列为

X	-1	0	1	2
P	0.1	0.2	0.3	0.4

求：(1) $Y=3X+1$ 的分布列；(2) $Y=X^2$ 的分布列.

2.设随机变量 X 的密度函数为 $f_X(x)=\begin{cases} Ax^2, & 0\leqslant x\leqslant 1, \\ 0, & x<0 \ \text{或} \ x>1. \end{cases}$ 求：

(1) 常数 A；

(2) $Y=-2X+1$ 的密度函数；

(3) $Y=X^2$ 的密度函数.

3. 设 $X \sim N(0,1)$,求:

(1) $Y = e^X$ 的密度函数;

(2) $Y = 2X^2 + 1$ 的密度函数;

(3) $Y = |X|$ 的密度函数.

班级＿＿＿＿＿＿＿ 学号＿＿＿＿＿＿＿ 姓名＿＿＿＿＿＿＿

练习 3-1

1. 设 (X,Y) 为二维随机变量,对于任意实数 x,y, $\overline{\{X\leqslant x,Y\leqslant y\}}=($　　$)$.

(A) $\{X>x\}\bigcup\{Y>y\}$　　　　　(B) $\{X>x\}\bigcap\{Y>y\}$

(C) $\{X<x\}\bigcap\{Y<y\}$　　　　　(D) $\{X<x\}\bigcup\{Y<y\}$

2. 以下结论中正确的是(　　).

(A) $P\{X\leqslant x,Y\leqslant y\}=P\{X\leqslant x\}P\{Y\leqslant y\}$

(B) $P\{a<X\leqslant b,c<Y\leqslant d\}=F(b,d)-F(a,c)$

(C) 若二维随机变量 (X,Y) 的概率密度是 $f(x,y)=\begin{cases} C, & 5\leqslant x\leqslant 10,4\leqslant y\leqslant 9,\\ 0, & 其他,\end{cases}$ 则常数

　　$C=25$

(D)以上答案都不对

3. 设 $F_1(x)$ 与 $F_2(x)$ 分别为随机变量 X_1 与 X_2 的分布函数,为使 $F(x)=aF_1(x)-bF_2(x)$ 是某一随机变量的分布函数,在下列给定的各组数值中应取(　　).

(A) $a=\dfrac{3}{5},b=-\dfrac{2}{5}$　　　　　(B) $a=\dfrac{2}{3},b=\dfrac{2}{3}$

(C) $a=-\dfrac{1}{2},b=\dfrac{3}{2}$　　　　　(D) $a=\dfrac{1}{2},b=-\dfrac{3}{2}$

4. 下列四个二元函数,能作为二维随机变量 (X,Y) 的分布函数的是(　　).

(A) $F(x,y)=\begin{cases}(1-e^{-x})(1-e^{-y}), & 0<x<+\infty,0<y<+\infty\\ 0, & 其他\end{cases}$

(B) $F(x,y)=\begin{cases}\sin x\sin y, & 0\leqslant x\leqslant \dfrac{\pi}{2},0\leqslant y\leqslant \dfrac{\pi}{2}\\ 0, & 其他\end{cases}$

(C) $F(x)=\begin{cases}1, & x+2y\geqslant 1\\ 0, & 其他\end{cases}$

(D) $F(x,y)=1+2^{-x}-2^{-y}+2^{-x-y}$

5. 一口袋中装有四个球,标号分别为 $1,2,2,3$,从中先后任取两个球,第一次取得的球标号记为 X,第二次取得的球标号记为 Y.试就放回抽取与不放回抽取两种情况分别求出 (X,Y) 的联合分布列.

6. 甲、乙两人独立地各进行两次射击,假设甲的命中率为 0.2,乙的命中率为 0.5,以 X 和 Y 分别表示甲和乙的命中次数,试求(X,Y)的联合分布列.

7. 设二维随机向量(X,Y)的概率密度为

$$f(x,y)=\begin{cases} Axy, & \text{当 } x^2 \leqslant y \leqslant 1 \text{ 且 } 0 \leqslant x \leqslant 1, \\ 0, & \text{其他}. \end{cases}$$

(1) 确定常数 A;

(2) 计算 $P\left\{0 \leqslant X \leqslant 1, 0 \leqslant Y \leqslant \dfrac{1}{2}\right\}$;

(3) 计算 $P\{(X,Y) \in D\}$,D 由 $x^2 \leqslant y \leqslant x, 0 \leqslant x \leqslant 1$ 确定.

8. 设(X,Y)服从区域 D 上的均匀分布,D 是由 $y=x+1,x$ 轴和 y 轴围成的区域,求:

(1) (X,Y)的联合密度函数;

(2) 概率 $P\{Y \leqslant -X\}$;

(3) (X,Y)的联合分布函数.

班级＿＿＿＿＿＿＿　　学号＿＿＿＿＿＿＿　　姓名＿＿＿＿＿＿＿

练习 3-2

1. 设相互独立的随机变量具有同一分布

X	1	2
P	1/3	2/3

则下列式子中正确的是(　　　).

(A) $X=Y$　　　　(B) $P\{X=Y\}=1$　　(C) $P\{X=Y\}=\dfrac{1}{2}$　　(D) $P\{X=Y\}=\dfrac{5}{9}$

2. 设二维随机变量(X,Y)的联合分布律为

X＼Y	0	1	2
0	0.1	0.2	0
1	0.3	0.1	0.1
2	0.1	0	0.1

则 $P\{XY=0\}=($　　　$)$.

(A) 0.3　　　　　(B) 0.5　　　　　(C) 0.7　　　　　(D) 0.8

3. 设两个相互独立的随机变量 X 和 Y 分别服从正态分布 $N(0,1)$ 和 $N(1,1)$,则(　　　).

(A) $P\{X+Y\leqslant 0\}=\dfrac{1}{2}$　　　　　　(B) $P\{X+Y\leqslant 1\}=\dfrac{1}{2}$

(C) $P\{X-Y\leqslant 0\}=\dfrac{1}{2}$　　　　　　(D) $P\{X-Y\leqslant 1\}=\dfrac{1}{2}$

4. 设随机变量 X 与 Y 独立,且 $P\{X=1\}=P\{Y=1\}=p>0$, $P\{X=0\}=P\{Y=0\}=$

$1-p>0$,记 $Z=\begin{cases}1,&\text{当 }X+Y\text{ 为偶数,}\\0,&\text{当 }X+Y\text{ 为奇数.}\end{cases}$ 要使 X 与 Z 独立,则 p 的值为 (　　　).

(A) 1/6　　　　　(B) 1/4　　　　　(C) 1/3　　　　　(D) 1/2

5. 设随机变量(X,Y)的概率密度 $f(x,y)=\begin{cases}Ae^{-(3x+4y)},&x>0,y>0,\\0,&\text{其他}.\end{cases}$

求:(1) 常数 A;

(2) 随机变量(X,Y)的分布函数;

(3) $P\{0\leqslant X<1,0\leqslant Y<2\}$.

6. 盒中有 3 只黑球,2 只红球,2 只白球,从中任取 4 只,以 X 表示取到的黑球数,以 Y 表示取到的红球数.求(X,Y)的联合分布列和边缘分布列,并判断 X 与 Y 是否独立.

7.(1) 若(X,Y)的联合密度函数为 $f(x,y) = \begin{cases} 4xy, & 0 \leqslant x \leqslant 1, 0 \leqslant y \leqslant 1, \\ 0, & \text{其他}. \end{cases}$

问 X 与 Y 是否独立?

(2) 若(X,Y)的联合密度函数为 $f(x,y) = \begin{cases} 8xy, & 0 \leqslant x \leqslant y, 0 \leqslant y \leqslant 1, \\ 0, & \text{其他}. \end{cases}$

问 X 与 Y 是否独立?

班级＿＿＿＿＿＿ 学号＿＿＿＿＿＿ 姓名＿＿＿＿＿＿

练习 3-3

1. 设 X 与 Y 相互独立，$X \sim N(\mu_1, \sigma_1^2)$，$Y \sim N(\mu_2, \sigma_2^2)$，则 $Z = X + Y$ 仍然服从正态分布，且有（　　）.

(A) $Z \sim N(\mu_1 + \mu_2, \sigma_1^2 + \sigma_2^2)$ 　　(B) $Z \sim N(\mu_1 + \mu_2, \sigma_1^2 - \sigma_2^2)$

(C) $Z \sim N(\mu_1 - \mu_2, \sigma_1^2 - \sigma_2^2)$ 　　(D) $Z \sim N(\mu_1 - \mu_2, \sigma_1^2 + \sigma_2^2)$

2. 假设随机变量 X 与 U 同分布，Y 与 V 同分布，则（　　）.

(A) $X + Y$ 与 $U + V$ 同分布 　　(B) $X - Y$ 与 $U - V$ 同分布

(C) (X, Y) 与 (U, V) 同分布 　　(D) aX 与 aU 同分布，aY 与 aV 同分布（$a \neq 0$）

3. 设随机变量 X 服从指数分布，则 $Y = \min(X, 2)$ 的分布函数（　　）.

(A) 是连续的 　　(B) 至少有两个间断点

(C) 是阶梯函数 　　(D) 恰有一个间断点

4. 设 X 与 Y 相互独立，其分布列分别为

X	1	2	3
P	0.3	0.1	0.6

Y	1	2	3
P	0.2	0.5	0.3

(1) 求 $X + Y$ 的分布列；

(2) 求 XY 的分布列.

5. 设 X 与 Y 相互独立，其密度函数分别为

$$f_X(x) = \begin{cases} 1, & 0 \leq x \leq 1, \\ 0, & 其他, \end{cases} \qquad f_Y(y) = \begin{cases} e^{-y}, & y \geq 0, \\ 0, & y < 0. \end{cases}$$

求 $Z = X + Y$ 的概率密度.

6. 设随机变量 (X,Y) 的概率密度为 $f(x,y)=\begin{cases} 2e^{-(x+2y)}, & x>0,y>0, \\ 0, & \text{其他}, \end{cases}$ 求随机变量 $Z=X+2Y$ 的分布函数.

7. 设随机变量 X,Y 相互独立,且都服从 $[0,1]$ 上的均匀分布,求 $Z=\max(X,Y)$ 的概率密度函数.

班级＿＿＿＿＿＿＿＿＿   学号＿＿＿＿＿＿＿＿＿   姓名＿＿＿＿＿＿＿＿＿

练习 3-4

1. 已知 (X,Y) 的联合分布律为

$$P\{X=n,Y=m\}=\frac{e^{-14}(7.14)^m(6.86)^{n-m}}{m!(n-m)!},\quad n=0,1,2,3,\cdots,m=0,1,2,\cdots,n.$$

(1) 求边缘分布律；

(2) 求条件分布律.

2. 设随机变量 (X,Y) 的概率密度为

$$f(x,y)=\begin{cases}1,&|y|<x,0<x<1,\\0,&\text{其他}.\end{cases}$$

求条件概率密度 $f_{Y|X}(y|x)$，$f_{X|Y}(x|y)$.

班级_____　　学号_____　　姓名_____

3.一电子仪器由两部分构成,以 X 与 Y 分别表示这两部分的寿命(单位:千小时),已知 X,Y 的联合分布函数为

$$F(x,y)=\begin{cases}1-e^{-0.5x}-e^{-0.5y}+e^{-0.5(x+y)}, & x\geqslant 0,y\geqslant 0,\\ 0, & \text{其他}.\end{cases}$$

(1)问 X,Y 是否独立?

(2)两个部件的寿命都超过 100h 的概率 α.

练习 4-1

1.已知连续型随机变量 X 的概率密度为 $f(x) = \dfrac{1}{\sqrt{\pi}} e^{-x^2+2x-1}$，则 $E(X) = $ ＿＿＿＿＿＿＿＿

＿＿＿.

2.已知随机变量 X 服从参数为 2 的泊松分布，且随机变量 $Z = 3X - 2$，则 $E(Z) = $ ＿＿＿

3.设 X 的分布律为

X	-1	0	0.5	1	2
P	$\dfrac{1}{3}$	$\dfrac{1}{6}$	$\dfrac{1}{6}$	$\dfrac{1}{12}$	$\dfrac{1}{4}$

求：$E(X)$，$E(-X+1)$，$E(X^2)$.

4.设 X 的密度函数为 $f(x) = \dfrac{1}{2} e^{-|x|}$. 求：$E(X)$，$E(X^2)$.

5.设 X 的密度函数为 $f(x)=\begin{cases} kx^a, & 0<x<1(k,a>0), \\ 0, & \text{其他,} \end{cases}$ 又已知 $E(X)=0.75$.求 k 和 a 的值.

6.设二维随机变量 (X,Y) 服从区域 D 上的均匀分布,其中 D 是由 x 轴、y 轴及直线 $x+y+1=0$ 所围成的区域.求：$E(X),E(-3X+2Y),E(XY)$.

7.设 X 表示 10 次重复独立射击中击中目标的次数,每次命中目标的概率为 0.4.求 $E(X^2)$.

班级＿＿＿＿＿＿　　　　学号＿＿＿＿＿＿　　　　姓名＿＿＿＿＿＿

练习 4-2

1.设随机变量 X 服从均值为2、方差为 σ^2 的正态分布,且 $P\{2<X<4\}=0.3$,则 $P\{X<0\}=$ ＿＿＿＿＿＿.

2.设随机变量 X 的概率密度为

$$f(x)=\begin{cases}1+x, & -1\leqslant x\leqslant 0, \\ 1-x, & 0\leqslant x\leqslant 1, \\ 0, & \text{其他},\end{cases}$$

则 $D(X)=$ ＿＿＿＿＿＿.

3.设随机变量 X 在区间 $[-1,2]$ 上服从均匀分布,随机变量

$$Y=\begin{cases}1, & X>0, \\ 0, & X=0, \\ -1, & X<0,\end{cases}$$

则 $D(Y)=$ ＿＿＿＿＿＿.

4.设 $X\sim B(n,p)$,且 $E(X)=1.6$,$D(X)=1.28$.求 n 和 p.

5.设随机变量 X 与 Y 独立,且 $X\sim N(1,2)$,$Y\sim N(0,1)$,试求随机变量 $Z=2X-Y+3$ 的概率密度函数.

6.设二维随机变量(X,Y)的密度为 $f(x,y)=\begin{cases}k, & 0<x<1,0<y<x, \\ 0, & 其他.\end{cases}$ 试确定常数 k, 并求 $E(XY)$.

7.设二维随机变量(X,Y)的密度为 $f(x,y)=\begin{cases}4xye^{-(x^2+y^2)}, & x>0,y>0, \\ 0, & 其他.\end{cases}$ 求 $Z=\sqrt{X^2+Y^2}$ 的均值.

8.设 X,Y 相互独立,密度函数分别为

$$f_X(x)=\begin{cases}2x, & 0\leqslant x\leqslant 1, \\ 0, & 其他,\end{cases} \qquad f_Y(y)=\begin{cases}e^{-(y-5)}, & y>5, \\ 0, & 其他.\end{cases}$$

求 $E(XY)$.

班级＿＿＿＿＿＿＿＿　　学号＿＿＿＿＿＿＿＿　　姓名＿＿＿＿＿＿＿＿

练习 4-3

1. 设二维随机变量 (X,Y) 服从二维正态分布,则随机变量 $\xi=X+Y$ 与 $\eta=X-Y$ 不相关的充分必要条件为(　　).

(A) $E(X)=E(Y)$

(B) $E(X^2)-[E(X)]^2=E(Y^2)-[E(Y)]^2$

(C) $E(X^2)=E(Y^2)$

(D) $E(X^2)+[E(X)]^2=E(Y^2)+[E(Y)]^2$

2. 将一枚硬币重复掷 n 次,以 X 和 Y 分别表示正面向上和反面向上的次数,则 X 和 Y 的相关系数等于(　　).

(A) -1 　　　　(B) 0 　　　　(C) $\dfrac{1}{2}$ 　　　　(D) 1

3. 设随机变量 $X_1,X_2,\cdots,X_n (n>1)$ 独立同分布,且其方差为 $\sigma^2>0$. 令 $Y=\dfrac{1}{n}\sum_{i=1}^{n}X_i$,则(　　).

(A) $\mathrm{Cov}(X_1,Y)=\dfrac{\sigma^2}{n}$ 　　　　(B) $\mathrm{Cov}(X_1,Y)=\sigma^2$

(C) $D(X_1+Y)=\dfrac{n+2}{n}\sigma^2$ 　　　　(D) $D(X_1-Y)=\dfrac{n+1}{n}\sigma^2$

4. 对任意两个随机变量 X 和 Y,若 $E(XY)=E(X)E(Y)$,则(　　).

(A) $D(XY)=D(X)D(Y)$ 　　　　(B) $D(X+Y)=D(X)+D(Y)$

(C) X 与 Y 独立 　　　　(D) X 与 Y 不独立

5. 设随机变量 X 和 Y 独立同分布,记 $U=X-Y,V=X+Y$,则随机变量 U 与 V 必然(　　).

(A) 不独立 　　　　(B) 独立 　　　　(C) 相关系数不为零 　　(D) 相关系数为零

6. 设随机变量 X 和 Y 的方差存在且不等于 0,则 $D(X+Y)=D(X)+D(Y)$ 是 X 和 Y(　　).

(A) 不相关的充分条件,但不是必要条件 　　(B) 独立的必要条件,但不是充分条件

(C) 不相关的充分必要条件 　　(D) 独立的充分必要条件

7. 设二维随机变量 (X,Y) 的密度函数为

$$f(x,y)=\frac{1}{2}[\varphi_1(x,y)+\varphi_2(x,y)],$$

其中 $\varphi_1(x,y)$ 和 $\varphi_2(x,y)$ 都是二维正态密度函数,且它们对应的二维随机变量的相关系数分别为 $\dfrac{1}{3}$ 和 $-\dfrac{1}{3}$,它们的边缘密度函数所对应的随机变量的数学期望都是 0,方差都是 1.

(1) 求随机变量 X 和 Y 的密度函数 $f_1(x)$ 和 $f_2(y)$,及 X 和 Y 的相关系数 ρ(可以直接利用二维正态的性质).

班级＿＿＿＿＿＿＿＿　　学号＿＿＿＿＿＿＿＿　　姓名＿＿＿＿＿＿＿＿

(2)问 X 和 Y 是否独立？为什么？

8.设随机变量 X 和 Y 的联合分布在以点(0,1),(1,0),(1,1)为顶点的三角形区域上服从均匀分布,试求随机变量 U＝X＋Y 的方差.

班级_____ 学号_____ 姓名_____

9. 设 A,B 为两个随机事件,且 $P(A)=\frac{1}{4}$,$P(B|A)=\frac{1}{3}$,$P(A|B)=\frac{1}{2}$,令

$$X=\begin{cases}1, & A\ \text{发生}, \\ 0, & A\ \text{不发生}, \end{cases} \qquad Y=\begin{cases}1, & B\ \text{发生}, \\ 0, & B\ \text{不发生}. \end{cases}$$

求:(1) 二维随机变量 (X,Y) 的概率分布;

(2) X 与 Y 的相关系数 ρ_{XY};

(3) $Z=X^2+Y^2$ 的概率分布.

10. 设 $X_1,X_2,\cdots,X_n(n>2)$ 为独立同分布的随机变量,且均服从 $N(0,1)$. 记 $\overline{X}=\frac{1}{n}\sum\limits_{i=1}^{n}$ X_i,$Y_i=X_i-\overline{X}$,$i=1,2,\cdots,n$.

求:(1) Y_1 与 Y_n 的协方差 $\mathrm{Cov}(Y_1,Y_n)$.

(2) $P\{Y_1+Y_n\leqslant 0\}$.

11. 设随机变量 X 的概率密度为

$$f_X(x)=\begin{cases} \dfrac{1}{2}, & -1<x<0, \\[2mm] \dfrac{1}{4}, & 0\leqslant x<2, \\[2mm] 0, & \text{其他}. \end{cases}$$

令 $Y=X^2$，$F(x,y)$ 为二维随机变量 (X,Y) 的分布函数.

求：(1) Y 的概率密度 $f_Y(y)$；

(2) $\mathrm{Cov}(X,Y)$；

(3) $F\left(-\dfrac{1}{2},4\right)$.

班级＿＿＿＿＿＿　　学号＿＿＿＿＿＿　　姓名＿＿＿＿＿＿

练习 5-1

1. 设随机变量 X 的方差存在，且满足不等式 $P\{|X-E(X)|\geqslant 3\}\leqslant\dfrac{2}{9}$，则一定有（　　）.

(A) $D(X)=2$

(B) $D(X)\neq 2$

(C) $P\{|X-E(X)|<3\}<\dfrac{7}{9}$

(D) $P\{|X-E(X)|<3\}\geqslant\dfrac{7}{9}$

2. 设随机变量 $X\sim B(n,p)$，对于任意 $0<p<1$，利用契比雪夫不等式估计有 $P\{|X-np|\geqslant\sqrt{2n}\}\leqslant$（　　）.

(A) $\dfrac{1}{2}$　　　　(B) $\dfrac{1}{4}$　　　　(C) $\dfrac{1}{8}$　　　　(D) $\dfrac{1}{16}$

3. 设随机变量序列 $X_1,X_2,\cdots,X_n,\cdots$ 独立同分布，且 $E(X_1)=D(X_1)=1$. 令 $S_{16}=\sum\limits_{i=1}^{16}X_i$，则对于任意 $\varepsilon>0$，由契比雪夫不等式直接可得（　　）.

(A) $P\left\{\left|\dfrac{1}{16}S_{16}-1\right|<\varepsilon\right\}\geqslant 1-\dfrac{16}{\varepsilon^2}$

(B) $P\{|S_{16}-1|<\varepsilon\}\geqslant 1-\dfrac{16}{\varepsilon^2}$

(C) $P\left\{\left|\dfrac{1}{16}S_{16}-1\right|>\varepsilon\right\}\geqslant 1-\dfrac{1}{\varepsilon^2}$

(D) $P\{|S_{16}-16|<\varepsilon\}\geqslant 1-\dfrac{1}{\varepsilon^2}$

4. 设随机变量序列 $X_1,X_2,\cdots,X_n,\cdots$ 独立同分布，其分布函数为 $F(x)=a+\dfrac{1}{\pi}\arctan\dfrac{x}{b},(b\neq 0)$，则辛钦大数定律对此序列（　　）.

(A) 当常数 a,b 取适当的数值时适用

(B) 不适用

(C) 适用

(D) 无法判断

5. 设 $\{X_n\}$ 为独立同分布的随机变量序列，其概率密度为

$$f(x)=\begin{cases}xe^{-x}, & x\geqslant 0,\\ 0, & x<0,\end{cases}$$

则根据契比雪夫不等式有 $P\{0<\sum\limits_{k=1}^{n}X_k<4n\}\geqslant$ ＿＿＿＿＿＿.

6. 设随机变量 X 的数学期望和方差分别为 11 和 9，试用契比雪夫不等式估计 $P\{2<X<20\}$.

7. 设随机变量 X 和 Y 分别服从正态分布 $N(1,1)$ 与 $N(0,1)$，且 $E(XY)=-0.1$，试用契比雪夫不等式估计 $P\{-4<X+2Y<6\}$.

8. 设 $X_1, X_2, \cdots, X_n, \cdots$ 为不相关的随机变量序列，且 $E(X_n)=\mu_n, D(X_n)=\sigma_n^2 \neq 0(n=1,2,\cdots)$. 证明：若 $\lim\limits_{n\to\infty}\sum\limits_{i=1}^{n}\sigma_i^2=\infty$，则 $\dfrac{\sum\limits_{i=1}^{n}(X_i-\mu_i)}{\sum\limits_{i=1}^{n}\sigma_i^2}\xrightarrow{P}0(n\to\infty)$.

班级＿＿＿＿＿＿＿　　学号＿＿＿＿＿＿＿　　姓名＿＿＿＿＿＿＿

9. 证明：对任意 $r>0$，有 $P\{|X|>\varepsilon\}\leqslant\dfrac{E(|X|^r)}{\varepsilon^r}$.

10. 设 X 为随机变量，函数 $g(x)\geqslant 0$，且 $E[g(X)]<+\infty$. 证明：对于任意数 $\varepsilon>0$，有 $P\{g(X)\geqslant\varepsilon\}\leqslant\dfrac{E[g(X)]}{\varepsilon}$.

11. 设 X 为随机变量, 数学期望 $E(e^{aX})$ 存在, 其中 a 为常数. 证明:

(1) $a>0$ 时, $P\{X\geqslant t\}<e^{-at}E(e^{aX})$;

(2) $a<0$ 时, $P\{X<t\}<e^{-at}E(e^{aX})$.

12. 设随机变量 X 的密度函数为 $f(x)=\begin{cases}\dfrac{x^m}{m!}e^{-x}, & x\geqslant 0, \\ 0, & x<0,\end{cases}$ (m 为自然数),

证明: $P\{0<X<2(m+1)\}\geqslant\dfrac{m}{m+1}$.

班级_____ 学号_____ 姓名_____

练习 5-2

1. 设 $\{X_n\}$ 为独立同分布的随机变量序列,且都服从参数为 $\lambda(\lambda>1)$ 的指数分布,记 $\Phi(x)$ 为标准正态分布的分布函数,则( ).

(A) $\lim\limits_{n\to\infty} P\left\{\dfrac{\sum\limits_{i=1}^{n} X_i - n\lambda}{\lambda\sqrt{n}} \leqslant x\right\} = \Phi(x)$ (B) $\lim\limits_{n\to\infty} P\left\{\dfrac{\sum\limits_{i=1}^{n} X_i - n\lambda}{\sqrt{n\lambda}} \leqslant x\right\} = \Phi(x)$

(C) $\lim\limits_{n\to\infty} P\left\{\dfrac{\lambda\sum\limits_{i=1}^{n} X_i - n}{\sqrt{n}} \leqslant x\right\} = \Phi(x)$ (D) $\lim\limits_{n\to\infty} P\left\{\dfrac{\sum\limits_{i=1}^{n} X_i - \lambda}{\sqrt{n\lambda}} \leqslant x\right\} = \Phi(x)$

2. 设 $\{X_n\}$ 为相互独立的随机变量序列,且服从相同的概率分布. 设 $E(X_i)=\mu, D(X_i)=\sigma^2$ $(\sigma>0, i=1,2,\cdots)$,记 $Z_n = \sum\limits_{k=1}^{n} X_k$,则当 n 充分大时,有( ).

(A) Z_n 的分布近似于正态分布 $N(n\mu, n\sigma^2)$

(B) Z_n 的分布近似于标准正态分布 $N(0,1)$

(C) Z_n 的分布近似于正态分布 $N(\mu, \sigma^2)$

(D) Z_n 的分布近似于正态分布 $N(n\mu, \sqrt{n\sigma^2})$

3. 设随机变量序列 $X_1, X_2, \cdots, X_n$ 相互独立同分布,且 X_1 的密度函数为 $f(x)$,记 $p = P\{\sum\limits_{i=1}^{n} X_i \leqslant x_0\}$,当 n 充分大时,则有( ).

(A) p 可以根据 $f(x)$ 进行计算

(B) p 不可以根据 $f(x)$ 进行计算

(C) p 一定可以根据中心极限定理进行计算

(D) p 一定不可以根据中心极限定理进行计算

4. 设 $\{X_n\}$ 为相互独立的随机变量序列,且 $X_i(i=1,2,\cdots)$ 均服从参数为 λ 的泊松分布,

则 $\lim\limits_{n\to+\infty} P\left\{\dfrac{\sum\limits_{i=1}^{n} X_i - n\lambda}{\sqrt{n\lambda}} > x\right\} = $ _____.

当 $n=100, \lambda=2$ 时,$P\left\{\sum\limits_{1}^{n} X_i > 200\right\} \approx$ _____.

5. 在每次试验中,事件 A 以概率 $\dfrac{1}{2}$ 发生,是否能以大于 0.97 的概率保证 1000 次重复独立试验中事件 A 发生的次数在 400 到 600 的范围内?

6. 某厂有 400 台同型号的机器,每台机器发生故障的概率为 0.02,假设每台机器独立工作,试求机器出故障的台数不少于 2 台的概率.

7. 某产品的不合格率为 0.005,任取 10000 件,问不合格品不多于 70 件的概率是多少?

8. 一复杂系统由 100 个相互独立的部件组成,在运行期间每个部件损坏的概率为 0.10,为使系统能起作用,需要至少 85 个部件正常工作即可,求整个系统起作用的概率.

班级_____   学号_____   姓名_____

练习 6-1

1. 条件同例 6.1，取前 100 个数据，求作 X 的频数直方图、频率直方图、概率密度直方图，并求概率 $P\{10 < X \leqslant 20\}$ 的近似值.

2. 条件同例 6.1，取前 6 个数据，求关于这些数据的 $\bar{x}$ 和 s^2.

练习 6-2

1. 已知 $X \sim t(n)$，求证：$X^2 \sim F(1, n)$.

2. 设 $X_1, X_2, \cdots, X_{10}$ 为 $N(0, 0.3^2)$ 的样本. 求 $P\left\{\sum\limits_{i=1}^{10} X_i^2 > 1.44\right\}$.

练习 6-3

1. 设 $X_1, X_2, \cdots, X_n (n \geqslant 2)$ 为来自总体 $X \sim N(0,1)$ 的样本，$\overline{X}$ 为样本均值，S^2 为样本方差，则(　　).

(A) $n\overline{X} \sim N(0,1)$ 　　　　　　　　　　(B) $nS^2 \sim \chi^2(n)$

(C) $\dfrac{(n-1)\overline{X}}{S} \sim t(n-1)$ 　　　　　　(D) $\dfrac{(n-1)X_1^2}{\sum\limits_{k=2}^{n} X_k^2} \sim F(1, n-1)$

2. 设 $X_1, X_2, \cdots, X_n$ 为来自总体 $X \sim N(\mu, \sigma^2)$ 的样本，$\overline{X}$ 为样本均值，记

$$S_1^2 = \frac{1}{n-1} \sum_{k=1}^{n} (X_k - \overline{X})^2, \quad S_2^2 = \frac{1}{n} \sum_{k=1}^{n} (X_k - \overline{X})^2,$$

$$S_3^2 = \frac{1}{n-1} \sum_{k=1}^{n} (X_k - \mu)^2, \quad S_4^2 = \frac{1}{n} \sum_{k=1}^{n} (X_k - \mu)^2,$$

则服从自由度为 $n-1$ 的 t 分布的随机变量是(　　).

(A) $t = \dfrac{\overline{X} - \mu}{S_1 / \sqrt{n-1}}$ 　　　　　　　(B) $t = \dfrac{\overline{X} - \mu}{S_2 / \sqrt{n-1}}$

(C) $t = \dfrac{\overline{X} - \mu}{S_3 / \sqrt{n}}$ 　　　　　　　(D) $t = \dfrac{\overline{X} - \mu}{S_4 / \sqrt{n}}$

3. 设随机变量 X 和 Y 相互独立，且都服从参数为 n, p 的二项分布，则(　　).

(A) $X + Y \sim B(n, p)$ 　　　　　　(B) $X + Y \sim B(2n, p)$

(C) $X + Y \sim B(2n, 2p)$ 　　　　　　(D) $X + Y \sim B(n, 2p)$

4. 在总体 $N(52, 6.3^2)$ 中随机地抽取一容量为 36 的样本，求样本均值 $\overline{X}$ 落在 $50.8 \sim 53.8$ 之间的概率.

5. 在总体 $N(12, 4)$ 中随机地抽取一容量为 5 的样本 $X_1, X_2, \cdots, X_5$.

(1) 求样本均值与总体均值之差的绝对值大于 1 的概率.

(2) 求概率 $P\{\max(X_1, X_2, \cdots, X_5) > 15\}$.

(3) 求概率 $P\{\min(X_1, X_2, \cdots, X_5) < 10\}$.

班级＿＿＿＿＿＿　　　学号＿＿＿＿＿＿　　　姓名＿＿＿＿＿＿

6. 设 $X_1, X_2, \cdots, X_n$ 是区间 $[-1,1]$ 上的均匀分布的总体的一个样本. 试求样本均值的数学期望和方差.

7. 求总体 $N(20,3)$ 的容量分别为 $10,15$ 的两独立样本均值差的绝对值大于 0.3 的概率.

8. 设 $X_1, X_2, \cdots, X_n$ 是来自正态总体 $N(0, \sigma^2)$ 的一个样本. 试求 $Y = \left(\sum\limits_{i=1}^{n} X_i \right)^2$ 的概率密度函数.

9. 设 $X_1, X_2, \cdots, X_n$ 是来自总体服从泊松分布 $P(\lambda)$ 的一个样本, $\overline{X}, S^2$ 分别是样本均值与样本方差. 求 $E(\overline{X}), D(\overline{X}), E(S^2)$.

10. 在总体 $N(\mu,\sigma^2)$ 中随机地抽一容量为 16 的样本,这里 μ,σ^2 均为未知参数.

(1) 求 $P\{S^2/\sigma^2 \leqslant 2.041\}$,其中 S^2 为样本方差.

(2) 求 $D(S^2)$.

11. 从总体 $N(3.4,6^2)$ 中抽取容量为 n 的样本,如果要求样本均值位于区间 $(1.4,5.4)$ 内的概率不小于 0.95,那么样本容量 n 至少应取多大?

12. 设 $X_1,X_2,\cdots,X_n (n \geqslant 2)$ 为来自总体 $X \sim N(0,1)$ 的样本,$\overline{X}$ 为样本均值,记 $Y_k = X_k - \overline{X}, k=1,2,\cdots,n$. 求:

(1) Y_k 的方差 $D(Y_k)$;

(2) Y_1 与 Y_n 的协方差 $\mathrm{Cov}(Y_1,Y_n)$.

班级_____   学号_____   姓名_____

练习 7-1

1. 总体未知参数 θ 的估计量 $\hat{\theta}$ 是（　　）.

（A）随机变量　　　　（B）总体　　　　　　（C）θ　　　　　　　　（D）均值

2. 设 $x_1, x_2, \cdots, x_n$ 为来自于总体 X 的样本观测值，X 的概率密度函数为

$$f(x) = \begin{cases} \dfrac{1}{\theta} e^{-\frac{x}{\theta}}, & x \geqslant 0, \\ 0, & 其他, \end{cases}$$

试求参数 θ 的矩估计值和极大似然估计值.

3. 设总体 X 的概率密度函数为

$$f(x; \theta) = \begin{cases} e^{-(x-\theta)}, & x \geqslant \theta, \\ 0, & x < \theta, \end{cases}$$

若 $X_1, X_2, \cdots, X_n$ 为总体的一个样本，求未知参数 θ 的矩估计量和极大似然估计量.

班级_____ 学号_____ 姓名_____

4. 设总体 X 的概率分布为

X	1	2	3
P	$1-\theta$	$\theta-\theta^2$	θ^2

其中 θ 是未知参数,假设总体 X 有如下的样本值:
$$3,1,3,1,3,1,2,3,$$
求 θ 的矩估计值和极大似然估计值.

5. 设随机变量 X 的分布函数为

$$F(x;\alpha,\beta)=\begin{cases} 1-\left(\dfrac{\alpha}{x}\right)^{\beta}, & x>\alpha, \\ 0, & x\leqslant\alpha, \end{cases}$$

其中参数 $\alpha>0,\beta>1$. 若 $X_1,X_2,\cdots,X_n$ 为总体的一个样本,则当 $\alpha=1$ 时,参数 β 的矩估计量为_____;当 $\alpha=1$ 时,参数 β 的极大似然估计量为_____;当参数 $\beta=2$ 时,参数 α 的极大似然估计量为_____.

6. 设总体 X 的密度函数为

$$f(x)=\begin{cases} \dfrac{2}{\theta^2}(\theta-x), & 0<x<\theta, \\ 0, & \text{其他}. \end{cases}$$

$X_1,X_2,\cdots,X_n$ 为其样本,试求参数 θ 的矩估计量.

班级＿＿＿＿＿＿＿＿ 学号＿＿＿＿＿＿＿＿ 姓名＿＿＿＿＿＿＿＿

7. 设总体 X 的概率密度为 $f(x) = \begin{cases} \lambda^2 x e^{-\lambda x}, & x>0, \\ 0, & \text{其他}, \end{cases}$ 其中参数 $\lambda(\lambda>0)$ 未知，$X_1, X_2,$

$\cdots, X_n$ 是来自总体 X 的简单随机样本.

(1) 求参数 λ 的矩估计量.

(2) 求参数 λ 的极大似然估计量.

8. 设 $x_1, x_2, \cdots, x_n > c$ 为来自总体 X 的样本值，总体分布的概率密度为

$$f(x) = \begin{cases} \theta c^\theta x^{-(\theta+1)}, & x>c, \\ 0, & x \leqslant c, \end{cases}$$

其中 $c>0$ 为已知参数，未知参数 $\theta>1$.

(1) 求 θ 的矩估计值、矩估计量.

(2) 求 θ 的极大似然估计值、极大似然估计量.

班级＿＿＿＿＿＿＿＿＿　　学号＿＿＿＿＿＿＿＿＿　　姓名＿＿＿＿＿＿＿＿＿

9.设总体分布的概率密度为

$$f(x)=\begin{cases} \dfrac{1}{\theta}e^{-(x-\mu)/\theta}, & x>\mu, \\ 0, & x\leqslant\mu, \end{cases}$$

其中 $\theta>0$，θ，μ 均为未知参数.试求：

(1) θ 和 μ 的矩估计量.

(2) θ 和 μ 的极大似然估计量.

10.设 X 的概率密度为 $f(x)=\begin{cases} \dfrac{6x(\theta-x)}{\theta^3}, & 0<x<\theta, \\ 0, & 其他, \end{cases}$ $X_1,X_2,\cdots,X_n$ 是取自总体 X 的

简单随机样本.

(1) 求 θ 的矩估计量 $\hat{\theta}$.

(2) 求 $\hat{\theta}$ 的方差 $D(\hat{\theta})$.

班级 _____ 学号 _____ 姓名 _____

练习 7-2

1. 设总体 X 服从正态分布 $N(\mu, \sigma^2)$，$X_1, X_2, \cdots, X_n$ 是来自 X 的简单随机样本，为使 $\hat{\sigma} = a \sum_{i=1}^{n} |X_i - \overline{X}|$ 是 σ 的无偏估计量，则 a 的值为（   ）.

(A) $\dfrac{1}{\sqrt{n}}$ (B) $\dfrac{1}{n}$ (C) $\dfrac{1}{\sqrt{n-1}}$ (D) $\sqrt{\dfrac{\pi}{2n(n-1)}}$

2. 设总体 X 的概率密度为 $f(x) = \dfrac{1}{2} e^{-|x|} \ (-\infty < x < +\infty)$，$X_1, X_2, \cdots, X_n$ 为总体的一个样本，记 S^2 为样本方差，则 $E(S^2) = $ _____.

3. 设总体 X 服从正态分布 $N(\mu_1, \sigma^2)$，总体 Y 服从正态分布 $N(\mu_2, \sigma^2)$，$X_1, X_2, \cdots, X_{n_1}$ 和 $Y_1, Y_2, \cdots, Y_{n_2}$ 分别是来自总体 X 和 Y 的样本，则

$$E\left[\frac{\sum\limits_{k=1}^{n_1} (X_k - \overline{X})^2 + \sum\limits_{k=1}^{n_2} (Y_k - \overline{Y})^2}{n_1 + n_2 - 2} \right] = \underline{\hspace{3cm}}.$$

4. 设 $X_1, X_2, \cdots, X_n$ 为正态总体 X 的一个样本，$D(X_1) = \sigma^2$，$\overline{X} = \dfrac{1}{n} \sum\limits_{k=1}^{n} X_k$，$S^2 = \dfrac{1}{n-1} \sum\limits_{k=1}^{n} (X_k - \overline{X})^2$，则（   ）.

(A) S 是 σ 的无偏估计量   (B) S 是 σ 的极大似然估计量

(C) S 是 σ 的一致估计量   (D) S 与 $\overline{X}$ 相互独立

5. 设 X_1, X_2 是从正态总体 $N(\mu, \sigma^2)$ 中抽取的样本.

$$\hat{\mu}_1 = \frac{2}{3} X_1 + \frac{1}{3} X_2; \quad \hat{\mu}_2 = \frac{1}{4} X_1 + \frac{3}{4} X_2; \quad \hat{\mu}_3 = \frac{1}{2} X_1 + \frac{1}{2} X_2.$$

试证 $\hat{\mu}_1, \hat{\mu}_2, \hat{\mu}_3$ 都是 μ 的无偏估计量，并求出每一估计量的方差.

6. 设总体为 X，其简单随机样本为 $X_1,\cdots,X_n,X_{n+1}$，则分别用 $X_n,\overline{X}_n = \dfrac{1}{n}\sum\limits_{i=1}^{n}X_i,\overline{X}_{n+1}$ $=\dfrac{1}{n+1}\sum\limits_{i=1}^{n+1}X_i$ 估计总体的数学期望时，哪个最有效？

7. 从均值为 μ、方差为 $\sigma^2 > 0$ 的总体中，分别抽取容量为 n_1,n_2 的两个独立样本. $\overline{X_1}$ 和 $\overline{X_2}$ 分别是两样本均值. 试证对于任意常数 $a,b(a+b=1)$，$Y=a\overline{X_1}+b\overline{X_2}$ 都是 μ 的无偏估计，并确定常数 a,b，使 $D(Y)$ 达到最小.

8. 设总体 X 的概率密度为

$$f(x)=\begin{cases} \dfrac{1}{2\theta}, & 0<x<\theta, \\[2mm] \dfrac{1}{2(1-\theta)}, & \theta\leqslant x<1, \\[2mm] 0, & \text{其他}, \end{cases}$$

$X_1,X_2,\cdots,X_n$ 是来自总体 X 的简单随机样本，$\overline{X}$ 是样本均值.

(1) 求参数 θ 的矩估计量 $\hat{\theta}$.

(2) 判断 $4\overline{X}^2$ 是否为 θ^2 的无偏估计量，并说明理由.

班级＿＿＿＿＿＿＿　　学号＿＿＿＿＿＿＿　　姓名＿＿＿＿＿＿＿

练习 7-3

1. 设 $x_1, x_2, \cdots, x_n$ 为正态总体 $N(\mu, 4)$ 的一个样本，$\bar{x}$ 表示样本均值，则 μ 的置信度为 $1-\alpha$ 的置信区间为（　　　）.

(A) $\left(\bar{x} - u_{\alpha/2} \dfrac{4}{\sqrt{n}}, \bar{x} + u_{\alpha/2} \dfrac{4}{\sqrt{n}} \right)$ (B) $\left(\bar{x} - u_{1-\alpha/2} \dfrac{2}{\sqrt{n}}, \bar{x} + u_{\alpha/2} \dfrac{2}{\sqrt{n}} \right)$

(C) $\left(\bar{x} - u_{\alpha} \dfrac{2}{\sqrt{n}}, \bar{x} + u_{\alpha} \dfrac{2}{\sqrt{n}} \right)$ (D) $\left(\bar{x} - u_{\alpha/2} \dfrac{2}{\sqrt{n}}, \bar{x} + u_{\alpha/2} \dfrac{2}{\sqrt{n}} \right)$

2. 设一批零件的长度服从正态分布 $N(\mu, \sigma^2)$，其中 μ, σ^2 均未知. 现在从中抽取 16 个零件，测得样本均值 $\bar{x} = 20 \text{cm}$，样本标准差 $s = 1 \text{cm}$，则 μ 的置信度为 0.90 的置信区间为（　　　）.

(A) $\left(20 - \dfrac{1}{4} t_{0.05}(16), 20 + \dfrac{1}{4} t_{0.05}(16) \right)$

(B) $\left(20 - \dfrac{1}{4} t_{0.10}(16), 20 + \dfrac{1}{4} t_{0.10}(16) \right)$

(C) $\left(20 - \dfrac{1}{4} t_{0.05}(15), 20 + \dfrac{1}{4} t_{0.05}(15) \right)$

(D) $\left(20 - \dfrac{1}{4} t_{0.10}(15), 20 + \dfrac{1}{4} t_{0.10}(15) \right)$

3. 假设一批电子管的寿命服从正态分布 $N(\mu, 40^2)$，从中抽取 100 只，若抽取的电子管的平均寿命为 1000（单位：小时）. 试求整批电子管的平均寿命的置信区间（给定置信度为 0.95）.

班级＿＿＿＿＿＿＿＿＿　　学号＿＿＿＿＿＿＿＿＿　　姓名＿＿＿＿＿＿＿＿＿

4. 假定出生婴儿的体重服从正态分布,随机抽取 12 名出生婴儿,测得其体重的均值为 $\bar{x}=3057g$,均方差为 $s=375.3g$,求出生婴儿平均体重的置信区间(给定置信度为 0.95).

5. 对方差 σ^2 为已知的正态分布总体来说,问抽取容量 n 为多大的样本,才能使总体期望值 μ 的置信度为 $1-\alpha$ 的置信区间的长度不大于 L.

6. 设某种砖头的抗压强度 $X \sim N(\mu, \sigma^2)$,今随机抽取 20 块砖头,测得数据如下(kg·cm^{-2}):

| 64 | 69 | 49 | 92 | 55 | 97 | 41 | 84 | 88 | 99 |
| 84 | 66 | 100 | 98 | 72 | 74 | 87 | 84 | 48 | 81 |

(1) 求 μ 的置信度为 0.95 的置信区间.

(2) 求 σ^2 的置信度为 0.95 的置信区间.

班级＿＿＿＿＿＿＿　　学号＿＿＿＿＿＿＿　　姓名＿＿＿＿＿＿＿

7.设某种清漆的 9 个样品,其干燥时间(以小时计)分别为 6.0,5.7,5.8,6.5,7.0,6.3, 5.6,6.1,5.0.设干燥时间总体服从正态分布 $N(\mu,\sigma^2)$,试就下述两种情况求 μ 的置信度为 0.95 的置信区间:

(1)若由以往经验知 $\sigma=0.6$.

(2)若 σ 为未知.

8.有一大批糖果,现从中随机地抽取 14 袋,称得质量(以克计)如下:

$$508 \quad 499 \quad 503 \quad 504 \quad 510 \quad 497 \quad 512$$
$$505 \quad 493 \quad 496 \quad 506 \quad 502 \quad 509 \quad 496$$

设袋装糖果质量近似服从正态分布.试求总体标准差 σ 的置信度为 0.95 的置信区间.

9. 随机地从 A 批导线中抽取 4 根，又从 B 批导线中抽取 5 根，测得电阻（Ω）为

A 批导线：0.143　0.142　0.143　0.137

B 批导线：0.140　0.142　0.136　0.138　0.140

设测定数据分别来自分布 $N(\mu_1, \sigma^2)$，$N(\mu_2, \sigma^2)$，且两样本独立，又 μ_1, μ_2, σ^2 均未知. 求 $\mu_1 - \mu_2$ 的置信度为 0.95 的置信区间.

10. 研究机器 A 和机器 B 生产的钢管内径，随机抽取机器 A 生产的钢管 18 只，测得样本方差 $s_1^2 = 0.34 (\text{mm}^2)$；抽取机器 B 生产的钢管 13 只，测得样本方差 $s_2^2 = 0.29 (\text{mm}^2)$. 设两样本独立，且机器 A, B 生产的钢管内径分别服从正态分布 $N(\mu_1, \sigma_1^2)$，$N(\mu_2, \sigma_2^2)$，这里 μ_i, σ_i^2 $(i = 1, 2)$ 均未知. 试求方差比 σ_1^2 / σ_2^2 的置信度为 0.90 的置信区间.

班级_____ 学号_____ 姓名_____

练习 8-1

1. 对正态总体的数学期望进行假设检验,如果在显著水平 $\alpha=0.05$ 下,接受假设 $H_0:\mu=\mu_0$;$H_1:\mu\neq\mu_0$,则在显著水平 $\alpha=0.01$ 下,下列结论中正确的是(　　).

(A) 必接受 H_0　　　　　　　　(B) 可能接受,也可能拒绝 H_0

(C) 必拒绝 H_0　　　　　　　　(D) 不接受,也不拒绝 H_0

2. 在 H_0 成立的情况下,样本值落入了拒绝域,因而 H_0 被拒绝,称这种错误为_____;在 H_0 不成立的情况下,样本值未落入拒绝域,因而 H_0 被接受,称这种错误为_____.

3. 设 $X_1,X_2,\cdots,X_n$ 为正态总体 $N(\mu,\sigma^2)$ 的一个样本,其中参数 μ,σ^2 未知. 记 $\overline{X}=\dfrac{1}{n}\sum_{k=1}^{n}X_k$,$Q^2=\sum_{k=1}^{n}(X_k-\overline{X})^2$,则检验假设 $H_0:\mu=0$ 使用的检验统计量为_____;在 H_0 为真时,该统计量服从_____分布,自由度为_____.

4. 假设总体 $X\sim N(\mu,\sigma^2)$,σ^2 未知. $X_1,X_2,\cdots,X_n$ 为总体的一个样本. 记 $\overline{X}$ 为样本均值,S 为样本标准差,则检验假设 $H_0:\mu=\mu_0$;$H_1:\mu\neq\mu_0$ 采用的检验统计量为(　　).

(A) $\dfrac{\overline{X}-\mu_0}{\sigma}\sqrt{n}\sim N(0,1)$　　　　(B) $\dfrac{\overline{X}-\mu_0}{\sigma}\sqrt{n}\sim t(n-1)$

(C) $\dfrac{\overline{X}-\mu_0}{S}\sqrt{n}\sim t(n-1)$　　　　(D) $\dfrac{\overline{X}-\mu_0}{S}\sqrt{n}\sim t(n)$

5. 某车间有一台葡萄糖自动包装机,额定标准为每袋重 500g. 设每袋产品质量 $X\sim N(\mu,15^2)$,某天开工后,为了检验包装机工作是否正常,随机取得 9 袋产品,称得质量数据为(单位:克)

$$497,506,518,524,498,511,520,515,512$$

问这天包装机工作是否正常?($\alpha=0.05$)

班级＿＿＿＿＿＿＿＿＿   学号＿＿＿＿＿＿＿＿＿   姓名＿＿＿＿＿＿＿＿＿

6.某校毕业班历年语文毕业成绩接近 $N(78.5,7.6^2)$，今年毕业 40 名学生，平均分数 76.4 分，有人说这届学生的语文水平和历届学生相比不相上下，这个说法能接受吗（显著性水平 $\alpha=0.05$）?

7. 某一厂家生产某种旧安眠药，根据资料用该种旧安眠药时，平均睡眠时间为 20.8h，标准差为 1.6h．现厂家生产一种新安眠药，厂家声称在剂量不变时，能比旧安眠药至少平均增加睡眠时间 3h(设标准差不变)．为了检验这个说法是否正确，收集到一组使用新安眠药的睡眠时间(单位：h)为 26.7,22.0,24.1,21.0,27.2,25.0,23.4．试问：从这组数据能否说明厂家的声称属实？（假定睡眠时间服从正态分布，$\alpha=0.05$）

8.炼钢厂为测定混铁炉铁水温度,用测温枪(主要装置为一种热电偶)测温 6 次,记录如下(单位:℃).

$$1318,1315,1308,1316,1315,1312$$

若用更精确的方法测得铁水温度为 1310℃(可视为铁水真正温度),问这种测温枪有无系统误差($\alpha=0.05$)?

9.设某次考试的学生成绩服从正态分布,从中随机地抽取 36 位考生的成绩,算得平均成绩为 66.5 分,标准差为 15 分.问在显著性水平 0.05 下,是否可以认为这次考试全体考生的平均成绩为 70 分?

10.某公司宣称由他们生产的某种型号的电池其平均寿命为 21.5h,标准差为 2.9h.在实验室测试了该公司生产的 6 只电池,得到它们的寿命(以 h 计)为

$$19,18,20,22,16,25$$

问这些结果是否表明这种电池的平均寿命比该公司宣称的平均寿命要短?设电池寿命近似地服从正态分布(取 $\alpha=0.05$).

11.某厂生产的电子元件,其电阻值服从正态分布,其平均电阻值为 2.6(Ω),标准差为 0.11(Ω).今该厂换了一种材料生产同类产品,从中抽查了 20 个,测得其样本电阻均值为 3.0(Ω),问新材料生产的元件其平均电阻较之原来的元件的平均电阻是否有明显的提高($\alpha=0.05$)?

12. 某运动设备制造厂生产一种新的人造钓鱼线,其平均切断力为 8kg,标准差 $\sigma = 0.5$kg,如果有 50 条随机样本进行检验,测得其平均切断力为 7.8kg,试检验假设 $H_0: \mu = 8$kg,$H_1: \mu \neq 8$kg.(取 $\alpha = 0.01$)

13. 有甲乙两个检验员,对同样的试样进行分析,各人实验分析的结果如下.

实验号	1	2	3	4	5	6	7	8
甲	4.3	3.2	8	3.5	3.5	4.8	3.3	3.9
乙	3.7	4.1	3.8	3.8	4.6	3.9	2.8	4.4

试问甲乙两人的实验分析之间有无显著差异($\alpha = 0.05$)?

班级＿＿＿＿＿＿＿　　学号＿＿＿＿＿＿＿　　姓名＿＿＿＿＿＿＿

练习 8-2

1. 单个正态总体的方差检验：$H_0:\sigma^2=\sigma_0^2$；$H_1:\sigma^2\neq\sigma_0^2$（均值 μ 未知）采用的检验统计量为＿＿＿＿＿＿＿，在显著性水平 α 下的拒绝域为＿＿＿＿＿．

2. 设 $X_1,X_2,\cdots,X_n$ 为正态总体 $N(\mu,\sigma^2)$ 的一个样本，$n\geqslant2$，其中参数 μ 已知，σ^2 未知. 则下列说法正确的是（　　）.

(A) $\dfrac{\sigma^2}{n}\sum\limits_{k=1}^{n}(X_k-\mu)^2$ 是统计量　　　　(B) $\dfrac{\sigma^2}{n}\sum\limits_{k=1}^{n}X_k^2$ 是统计量

(C) $\dfrac{\sigma^2}{n-1}\sum\limits_{k=1}^{n}(X_k-\mu)^2$ 是统计量　　(D) $\dfrac{\mu}{n}\sum\limits_{k=1}^{n}X_k^2$ 是统计量

3. 已知维尼纶纤度在正常条件下服从正态分布，且标准差 $\sigma=0.048$. 从某天生产的产品中抽取 5 根纤维，测得其纤度为 $1.32,1.55,1.36,1.40,1.44$. 问这一天纤度的总体标准差是否正常（$\alpha=0.05$）？

4. 某电工器材厂生产一种保险丝，现测量其熔化时间. 依通常情况，方差为 400. 今从某天的产品中抽取容量为 25 的样本，测量其熔化时间并计算得 $s^2=440$. 问这天保险丝的熔化时间的方差与通常有无显著差异（$\alpha=0.1$）？假定熔化时间服从正态分布.

班级＿＿＿＿＿＿＿＿＿　学号＿＿＿＿＿＿＿＿＿　姓名＿＿＿＿＿＿＿＿＿

5.某种导线的电阻服从正态分布 $N(\mu, 0.005^2)$. 今从新生产的一批导线中抽取 9 根,测其电阻,得 $s=0.008\Omega$. 对于 $\alpha=0.05$,能否认为这批导线电阻的标准差仍为 0.005?

6.已知某种溶液中水分含量 $X \sim N(\mu, \sigma^2)$,要求平均水分含量 μ 不低于 0.5%,今测定该溶液 9 个样本,得到平均水分含量为 0.451%,均方差 $s=0.039\%$. 试在显著性水平 $\alpha=0.05$ 下,检验溶液水分含量是否合格.

班级＿＿＿＿＿＿＿＿＿　　学号＿＿＿＿＿＿＿＿＿　　姓名＿＿＿＿＿＿＿＿＿

练习 8-3

1. 测得两批电子器件的样品的电阻(Ω)为

A 批：0.140　0.138　0.143　0.142　0.144　0.137

B 批：0.135　0.140　0.142　0.138　0.136　0.140

设这两批器材的电阻值总体分别服从分布 $N(\mu_1,\sigma_1^2),N(\mu_2,\sigma_2^2)$,且两样本独立.

(1) 检验假设 $H_0:\sigma_1^2=\sigma_2^2$(取 $\alpha=0.05$);

(2) 在(1)的基础上检验 $H_0:\mu_1=\mu_2$(取 $\alpha=0.05$).

2. 两位化验员 A、B 对一种矿砂的含铁量独立地用同一种方法作分析.A、B 分别分析 5 次、7 次,得到样本方差值分别为 0.432 与 0.5006.设 A、B 两人测定的总体都服从正态分布,试在 $\alpha=0.05$ 下检验两位化验员测定两总体的方差有无显著差异.

3.两台机床加工同一种零件,分别取 6 个和 9 个零件测量其长度,计算得 $s_1^2=0.345$, $s_2^2=0.357$,假设零件长度服从正态分布,问:是否认为两台机床加工的零件长度的方差无显著差异($\alpha=0.05$)?

4. 需要比较两种汽车用的燃料的辛烷值,得数据:

燃料 A	80	84	79	76	82	83	84	80	79	82	81	79
燃料 B	76	74	78	79	80	79	82	76	81	79	82	78

燃料的辛烷值越高,燃料质量越好,因燃料 B 较燃料 A 总体价格便宜,因此,如果两种辛烷值相同时,则使用燃料 B.设两总体均为正态分布,而且两样本相互独立,问应采用哪种燃料(取 $\alpha=0.1$)?

班级_____   学号_____   姓名_____

5. 用两种工艺生产的某种电子元件的抗击穿强度 X 和 Y 为随机变量,分布分别为 $N(\mu_1,\sigma_1^2)$ 和 $N(\mu_2,\sigma_2^2)$(单位:V). 某日分别抽取 9 只和 6 只样品,测得抗击穿强度数据分别为 $x_1,\cdots,x_9$ 和 $y_1,\cdots,y_6$,并算得

$$\sum_{i=1}^{9} x_i = 370.80, \quad \sum_{i=1}^{9} x_i^2 = 15280.17,$$

$$\sum_{i=1}^{6} y_i = 204.60, \quad \sum_{i=1}^{6} y_i^2 = 6978.93.$$

试检验 X 和 Y 的方差有无明显差异(取 $\alpha=0.05$).

6. 据公告,一种新的镇痛药在一定剂量下,比旧镇痛药镇痛的时间平均延长 3h 以上,现从服用旧药的人中抽出 7 人,得知其平均镇痛时间为 20h,标准差为 1.6h,从服用新药的人中抽出 8 个人,测得平均镇痛时间为 24.2h,标准差为 2.125h. 假设镇痛时间都服从正态分布,且两种药镇痛时间的方差相同,问在显著性水平 $\alpha=0.05$ 下,是否表明新药达到了公布的疗效?

7. 有甲、乙两台机床加工同样产品，从这两台机床加工的产品中随机抽取若干件，测得产品直径(单位：mm)为

机床甲　20.5　19.8　19.7　20.4　20.1　20.0　19.0

机床乙　19.7　20.8　20.5　19.8　19.4　20.6　19.2

假定两台机床加工的产品的直径都服从正态分布，且总体方差相等，试比较甲、乙两台机床加工的产品的直径有无显著差异($\alpha=0.05$).

概率论与数理统计试题一

班级_____   学号_____   姓名_____

1. 设某城市的单位时间(如一小时)内的用电量为 X,则可以肯定的结论是(   ).

(A) X 不服从均匀分布　　　　　　　(B) X 服从二项分布

(C) X 服从正态分布　　　　　　　　(D) X 服从泊松分布

2. $\int_{-\infty}^{+\infty} e^{-\frac{x^2}{2}} \mathrm{d}x = ($ $)$.

3. 设 1,2,3,4,5 为样本值,则样本方差值 $s^2 = ($ $)$.

4. 设总体 $X \sim U[\theta,10]$,$x_1,x_2,\cdots,x_n$ 为其样本值. 则参数 θ 的极大似然估计值 $\hat{\theta} = ($ $)$.

5. 试用已学的知识估计一张崭新的面值 100 元人民币的厚度(单位:mm),并说明你是怎么估计的.

6. 1939 年,年仅 18 岁的八路军战士李二喜仅用 2 发迫击炮弹,向约 800m 开外的一个独立小院(日军指挥所)射击.侵华日军名将之花阿部规秀被该迫击炮弹击中而毙命于黄土岭.据当时李二喜称,用 2 发炮弹击中目标的把握在 99% 以上.问战士李二喜的命中率至少是多少?(假设每次射击相互独立).

7. 已知随机变量 X 只能取 $-1,0,1,2$ 四个值,相应的概率依次为 $c,2c,3c,4c$,确定常数 c 并计算 $P\{X\leqslant 1|X\neq -1\}$.

8. 连续型随机变量 X 的分布函数为
$$F(x)=\begin{cases}0, & x\leqslant 0,\\ A+Be^{-2x}, & x>0.\end{cases}$$
求:(1)常数 A,B;(2) $P\{0.5<X<1\}$;(3)概率密度 $\varphi(x)$.

班级＿＿＿＿＿＿ 学号＿＿＿＿＿＿ 姓名＿＿＿＿＿＿

9. 用 3 台机床加工同一种零件，零件由各机床加工的概率分别为 0.5、0.3、0.2. 各机床加工零件为合格品的概率分别为 0.94、0.9、0.95. 求从全部产品中任取一件是合格品的概率.

10. 连续型随机变量 ξ 的概率密度为

$$\varphi(x) = \begin{cases} kx^a, & 0 < x < 1 \, (k, a > 0), \\ 0, & \text{其他}, \end{cases}$$

又知 $E(\xi) = 0.75$. 求 k 和 a 的值及 $D(\xi)$.

11. 生产灯泡的合格率为 0.6，求 10000 个灯泡中合格灯泡在 5950～6050 的概率(用 $\Phi(x)$ 表示).

班级＿＿＿＿＿＿＿＿　　学号＿＿＿＿＿＿＿＿　　姓名＿＿＿＿＿＿＿＿

12. 某灯泡厂生产了一大批灯泡，从中抽取 9 个进行寿命试验，得数据如下（单位：小时）．

10500　11000　10800　11200　12000　12500　10400　11300　13000

设灯泡寿命 $X \sim P(\lambda)$（参数为 λ 的指数分布），求参数 λ 的矩估计值．

13. 已知某炼铁厂铁水含碳量服从正态分布 $N(4.55, 0.108^2)$，现在测定了 9 炉铁水，其平均含碳量为 4.484．假设方差没有变化，可否认为现在生产的铁水平均含碳量仍为 4.55？（取 $\alpha=0.05$，$u_{0.025}=1.96$，$u_{0.05}=1.64$）

概率论与数理统计试题二

班级＿＿＿＿＿＿＿＿＿＿＿ 学号＿＿＿＿＿＿＿＿＿＿＿ 姓名＿＿＿＿＿＿＿＿＿＿＿

1. 设 $X \sim B(n, p)$，则 $P\{X=k\}=($ _____ $)$.

2. $X \sim N(\mu, \sigma^2)$，则 $P\{X>\mu\}=($ _____ $)$.

3. 设 $X_1, X_2, \cdots, X_n$ 为来自正态总体 $N(\mu, \sigma^2)$ 的样本，则样本均值 $\overline{X} \sim ($ _____ $)$.

4. 设 $X_1, X_2, \cdots, X_n$ 为来自正态总体 $N(\mu, \sigma^2)$ 的样本，数学期望 $E\left\{\sum_{i=1}^{n}(X_i - \overline{X})^2\right\} = ($ _____ $)$，其中 $\overline{X}$ 为样本均值.

5. 为什么说银行卡采用的 6 位密码是安全的？请结合实际说明.

6. 设在 3 次独立试验中，每次试验事件 A 发生的概率相等，已知在 3 次独立试验中事件 A 至少发生一次的概率为 $\frac{19}{27}$. 求在一次试验中事件 A 发生的概率，并求在 3 次试验中事件 A 恰发生一次的概率.

7. 设连续型随机变量 X 的密度函数为 $f(x)=\begin{cases} Be^{Ax}, & x>0, \\ 0, & x\leqslant 0. \end{cases}$

求：(1) 常数 A,B 所满足的条件；(2) $P\{-1<X<2\}$；(3) 分布函数 $F(x)$.

8. 设随机变量 X 的密度函数为 $f(x)=\begin{cases} \dfrac{3}{2}x^2, & -1\leqslant x\leqslant 1, \\ 0, & 其他, \end{cases}$ 求：

(1) $Y=4X+2$ 的密度函数 $f_Y(x)$；

(2) $E(Y)$ 及 $D(Y)$.

班级＿＿＿＿＿＿＿＿　　　　学号＿＿＿＿＿＿＿＿　　　　姓名＿＿＿＿＿＿＿＿

9. 盒中有 3 只黑球、2 只红球,从中任取 2 只,若所取的 2 球中没有黑球,那么在剩下球中再取 1 个球. 以 X 表示所取到的黑球数,以 Y 表示所取到的红球数. 求 (X,Y) 的联合分布列和边缘分布列,并判断 X 与 Y 的独立性.

10. 设随机变量 X,Y 均服从标准正态分布且相互独立,求数学期望 $E|X-Y|$.

11. 将一枚质地均匀的硬币抛 10000 次,求出现正面的次数在 4900～5100 的概率(用 $\Phi(x)$ 表示).

12. 设总体 X 的密度函数为

$$f(x;\theta)=\begin{cases}\mathrm{e}^{-(x-\theta)}, & x>\theta,\\ 0, & x\leqslant\theta,\end{cases}\quad \theta \text{ 为未知参数}.$$

设 $x_1,x_2,\cdots,x_n>\theta$ 为样本值. 求 θ 的极大似然估计量.

13. 某车间用一台包装机包装精盐,额定标准每袋净重 500g,设包装机包装出的盐每袋重 $X\sim N(\mu,\sigma^2)$,其中 $\sigma=15$. 某天随机地抽取 9 袋称得净重为(单位:g)

497, 506, 518, 524, 488, 511, 510, 515, 512,

问包装机工作是否正常?(取 $\alpha=0.05$)　　查表:$\Phi(1.96)=0.975,\Phi(1.64)=0.95$.

参考文献

[1] 阮宏顺,等.概率论与数理统计.苏州:苏州大学出版社,2012.

[2] 黄清龙,等.概率论与数理统计.2版.北京:北京大学出版社,2011.

[3] 王梓坤.概率论基础及其应用.北京:科学出版社,1976.

[4] 林正炎,等.概率论.杭州:浙江大学出版社,1994.

[5] 袁荫棠.概率论与数理统计.北京:中国人民大学出版社,1990.

[6] 盛骤,等.概率论与数理统计.2版.北京:高等教育出版社,1993.

[7] 陈魁.概率论与数理统计.北京:清华大学出版社,2000.

[8] 郭金吉,等.概率论与数理统计.北京:化学工业出版社,2003.